CONOCIENDO LA LECHE Y SUS DERIVADOS

1. INTRODUCCION

La leche es unos de los productos alimenticios, mas comercializados en el mundo, no solo como producto integro, natural, sino que es ingrediente o componente de un sin número de productos, que es incalculable su porcentaje. Por su naturaleza es sin embargo uno de los más riesgoso para su producción, manejo, transporte y conservación, es un medio excelente para la multiplicación bacteriana y otros agentes patógenos que pueden dañar la salud de los consumidores. Es por ello que los productores deben implementar las buenas prácticas ganaderas y juntas a las autoridades e industrializadores, cooperar para que este producto, mantenga su calidad e inocuidad desde la granja hasta su destino final, que es el consumidor.

Existen diversos organismos e instituciones que rigen la producción, manejo y comercialización de la leche y sus derivados en todo los países, el *Codex Alimentarius*, la Organización Internacional de Sanidad Animal, la FAO, la Organización Mundial del Comercio y la Organización Mundial de la Salud, entre otras afines, velan para que no solo la leche sea un producto que cumpla con la calidad alimenticia y sea inocuo, sino todo lo que consumimos.

La inocuidad es un punto esencial para la comercialización de la leche en todo el mundo, por eso se recomienda que las autoridades y los industriales que utilizan la leche para elaborar subproductos o la venta de esta como leche líquida, o de otra forma, deben responsabilizarse de que así sea. Uno de los principales problemas de salud en estos momentos es la resistencia antimicrobiana, el mismo atenta contra la vida de los consumidores, más débiles y susceptibles que son los bebes y las personas

1

inmunodeprimidas. Además de que estos inhibidores, interfieren industrialmente en la producción de ciertos subproductos tales como el yogurt y los que llevan para su elaboración algún cultivo láctico.

Queso tipo Holandés.

Fuente: foto tomada por el autor. Mao. 2019.

Queso y miel. Queso fantasía.

Queso Crema con miel de abejas. Elaborado por el auto.
Diseño: Karla Virginia y Liliana Camila. 2019.

LECHE Y PRODUCTOS LÁCTEOS

1.1.   Generalidades

La leche, sin otra denominación, es el producto de la ordeña completa e ininterrumpida de vacas sanas, bien alimentadas y en reposos, exenta de calostro. Aunque se toma como referencia la leche de vaca para definir este producto, no solo es la leche de vaca la que consumimos los seres humanos, y no solo de ella se elaboran productos lácteos. Existen varias especies animales de los cuales su leche es de suma importancia como alimento de consumo masivo, entre estos se encuentran: las cabras, las ovejas, las búfala (de su leche se elabora unos de los mejores quesos mozarelas; o como le llaman en República Dominicana, queso de hojas. También se utiliza para consumo humano la leche de camella, yegua y asno (burra).

La demanda de leche está influida por el número de personas y la cantidad de leche que cada una de ellas está dispuesta a consumir y que pueda obtener. En los últimos 15 años la población mundial está aumentando en 78 millones de personas al año, mientras tanto el consumo per cápita promedio de leche para el año 2009 fue de 105 Kg ME (equivalente de leche), la OMS, recomienda 150 libros per cápita por año. Si se asume que el consumo per cápita se mantiene constante, se necesitan alrededor de 8 millones de toneladas más de leche por año, para satisfacer la demanda adicional generada por el crecimiento de la población mundial. Sin embargo el consumo per cápita varía entre países. Cátedra inocuidad de la leche. FEPALE.2010

La leche es la secreción entre blanquecina y amarillenta de las glándulas mamarias de las hembras de los mamíferos. Desde el punto de vista físico-químico es un sistema polidisperso, en cuya composición entran alrededor de 200 sustancias diferentes. Con diferencias en su composición químicas y en cantidad producida por ordeño. Variando por las razas, edad, especie animal, etc. Es leche a partir de los 7 días, de haber parido la vaca, antes es calostro. Solo apta para la alimentación y amamantamiento de los becerros.

Por su naturaleza y composición la leche es el alimento perfecto, aunque muchas investigaciones demuestran que a nivel global, el 65% de la gente tiene algún grado de intolerancia a la lactosa o a otros componentes de la leche como su proteína. No es menos cierto, y verdadero que tantos millones de personas, que se alimentan con leche o algunos de sus derivados desde su niñez hasta edad adulta, comprueban que es más el bien o beneficio que otorga a la humanidad, que el pequeño daño que hace a los que lamentablemente no pueden disfrutar de esta.

Como alimento, corresponde particular importancia a la leche de vaca, aunque en diversas regiones de la Tierra se consume también leche de oveja, cabra, búfala, zebú, yegua, reno y camello, correspondiendo papel secundario a las leches de asna, yack y alce. De la producción mundial de leche el 90% corresponde a la leche de vaca, un 6% a la leche de búfala, y un 2% a las leches de ovejas y cabra. Las leches de las diversas especies animales utilizadas por el hombre como alimento exhiben composiciones distintas, como consecuencia de lo cual se diferencian también en algunas de sus características. Mientras que **la leche de vaca** es un líquido blanco amarillento, de sabor espeso, capaz de transformarse en diversos productos lácteos de alta calidad, la mantequilla, por ejemplo, elaborada con **leche de oveja** es de consistencia más blanda y menos sabrosa. Sin embargo, la leche de oveja sirve muy bien para la elaboración de yogurt y queso. El calostro se caracteriza por ser un líquido espeso, viscoso y de color amarillo intenso. La formación de nata es más lenta en la leche de oveja que en la de vaca.

A diferencia de la leche de vaca, **la leche de cabra** es más viscosa y exhibe color blanco (ausencia de caroteno). Debido a su intenso aroma (elevada proporción de ácidos grasos volátiles de cadena corta), es diferentemente estimada por el público consumidor. Las personas que se alimentan exclusivamente de esta leche, pueden sufrir una "anemia por consumo de leche de cabra". La leche de cabra coagula (fermento lab) con mayor rapidez que la leche de vaca.

La **leche de yegua** es de aspecto más acuoso y de sabor dulzón, debido a su alto contenido de lactosa. Apenas forma nata, porque contiene poca grasa. La mantequilla de leche de yegua es de consistencia muy blanda. Esta leche se destina con preferencia a la producción de Kumis.

La leche de búfala es rica en grasa, muy sabrosa y a partir de ella se elaboran diversos productos, como mantequilla, yogurt y queso; es de color blanco, debido a la ausencia de carotina. También la mantequilla muestra este color y no se enrancia tan rápidamente como la preparada a partir de leche de vaca.

Composición de la leche de distintas especies animales.

Especie	Proteína total (%)	Caseína (%)	Seroproteína (%)	Grasa (%)	Carbohidratos (%)	Cenizas (%)
Humana	1,2	0,5	0,7	3,8	7,0	0,2
Caballo	2,2	1,3	0,9	1,7	6,2	0,5
Vaca	3,5	2,8	0,7	3,7	4,8	0,7
Búfalo	4,0	3,5	0,5	7,5	4,8	0,7
Cabra	3,6	2,7	0,9	4,1	4,7	0,8
Oveja	5,8	4,9	0,9	7,9	4,5	0,8

Fuente: http://www.infoalimentacion.com/documentos/valor_nutritivo_leche_y_otros_productos_lacteos.asp

En comparación con la leche de vaca, que contiene un 12,5% de extracto seco, 3,4% de proteína total, 3,7% de grasa, 4,7% de lactosa y 0,7% de cenizas, exhiben: superior tasa de extracto seco: reno (33%), oveja (19%), búfala (17%, aprox.), llama (16%, aprox.).

Sin importar la raza o especie animal, las mamíferas presentan el mismo comportamiento para producir y brindarnos esta bendita bebida que se convierte en el principal y primer alimento para nuestra vida.

No se puede hablar de leche y de productos lácteos sin dejar de mencionar a las responsable número uno de la producción láctea del mundo. Su labor de productora de leche reconocida inicia a unos pocos años antes de la era cristiana la raza holstein, cuyos antecesores fueron las vacas negras de los bávaros y las blancas de los friesians, tribus que emigraron al oeste de Europa y que se asentaron en el delta del Rhin hace cerca de 2.000 años.

Más tarde, esta región se convirtió en Holanda, donde nace la raza Hosltien tras un proceso de cruzamientos del cual resultaron sus características únicas de color, fortaleza y producción, que comenzaron a diferenciarla de las demás razas. En su desarrollo aprovecharon el pasto, el recurso más abundante en la zona.

Este núcleo ganadero fue expandiéndose lentamente, primero en Alemania y después por otros países europeos, con un desarrollo rústico pero que le permitió en los últimos 300 años tener un valor importante en el mercado por sus características de producción y adaptación a los factores ecológicos de muchos países.

La primera, en Boston A Wintrop Cherney, un ganadero de Massachusetts, se le atribuye la compra de la primera vaca holandesa en territorio americano. Dicen los historiadores de la raza que la adquirió al capitán de un barco que atracó en el puerto de Boston y que llevaba al animal para proveer de leche a la tripulación durante la travesía. Se asegura que Cherney se entusiasmó tanto por la producción y características de su vaca que resolvió tener más holstein, y ese fue el comienzo de las importaciones masivas desde Holanda hasta Estados Unidos, concretamente al estado de Massachusetts, hacia 1857, que se prolongaron hasta 1861, y que representaron la llegada al continente americano de 8.000 ejemplares, aproximadamente.

Fue entonces cuando en Europa se presentó una seria enfermedad que diezmó sus ganaderías y frenó las exportaciones. Esta circunstancia determinó la organización de los criadores norteamericanos para fomentar la formación de sus ganados propios, y en 1885 crearon la asociación americana de ganado holstein. Que hoy cuenta con más de hoy 54.000, registrados y que poseen más de 10 millones de vacas, productoras de 90% de la leche que consume Estados Unidos.

Con el paso de los años, con la ayuda de la ciencia y la tecnología, y con una paciente selección genética, la raza ha podido afianzar su liderazgo mundial como productora de leche, tanto pura como cruzada con otras razas, lo que le permite tener asegurado su futuro.

La producción promedio en 1999 para los hatos de ganado Holstein en los EUA con evaluación genética fue de 9,525 Kg. de leche, 348 Kg. de Grasa y 307 Kg. de proteína al año. Vacas Holstein que son ordeñadas dos veces al día se sabe que llegan a producir por arriba de los 30,561 Kg. de leche en 365 días.

En definitiva el ganado lechero Holstein domina la industria de producción lechera en la mayoría de las regiones del mundo. Las razones de su popularidad son claras.

Sin embargo no se pueden dejar de mencionar las demás razas lechera que siguen a esta importante razas tales como: Pardo Suiza, Jersy, Guersy, Holando Europeo, Ayrshire.

Vaca Hosltien la más productora de leche.

Fuente: google.com. 2019

2. Como se produce la leche

Cuando la vaca o la novilla paren, se produce un cambio fisiológico muy importante en el tejido mamario. Antes del parto, los tejidos secretores de leche se desarrollan y se encuentran listos pero aparentemente se encuentran cerrados hasta que reciben la señal hormonal adecuada del parto. Estas señales provienen de la vaca misma y de la remoción de hormonas producidas por la placenta.

Todos los tejidos secretores de leche se encuentran presentes y listos antes del parto pero no pueden funcionar hasta que son "encendidos" por el parto. - La glándula pituitaria anterior libera un pico de prolactina, y algunas veces hay un incremento sanguíneo del nivel de hormona de crecimiento. El ovario de la vaca incrementa su producción de estrógeno y la secreción de progesterona ovárica se detiene al parto. - La separación de la placenta se lleva consigo la fuente de lactógeno placentario que sirve para estimular el desarrollo mamario en la preñez y es la fuente principal de progesterona que ha mantenido la preñez durante los estadíos avanzados. El estímulo inicial para estos cambios proviene aparentemente del feto, cuyo aumento de hormonas cortico-adrenales aparentemente dispara el desprendimiento de la placenta. Ninguna de estas señales por sí mismas resultan en un comienzo completo de la lactancia; su acción conjunta es necesaria. Se necesita de una compleja interacción de eventos hormonales para comenzar la lactancia al parto. El disparo inicial proviene del feto. A medida que estos cambios se presentan en la capacidad secretora de la glándula mamaria, existe también la movilización de enzimas que procesan la materia prima para los diferentes componentes de la leche: proteínas, carbohidratos, grasa y otros.

La ubre tiene la propiedad de transformar en leche, los nutrientes que han sido transportados por la sangre. Para producir 1 kg de leche, es necesario que fluya a través de la ubre 400 a 500 litros de sangre. Por lo tanto, el ganado lechero necesita comer alimento de buena calidad, para que los nutrientes pasen a circulación sanguínea, nutran al animal, permitiéndole mantener una condición corporal saludable y una producción de leche importante.

La producción de leche ocurre por el impulso sensorial o estimulación neurológica que ocasiona la visualización del ternero, la manipulación o masaje de la ubre, el sonido de la máquina de ordeño u otros impulsos, este estímulo es transportado al cerebro por el sistema nervioso, el cerebro libera la hormona oxitócica en la sangre, que actúa en las células de la glándula mamaria ocasionando el flujo o "bajada de la leche".

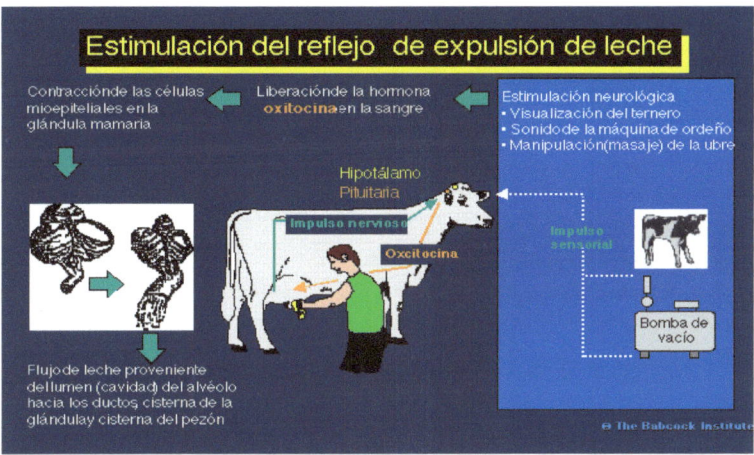

2.1. Valor nutritivo de la leche

La leche y los productos lácteos ocupan lugar preponderante en la nutrición del hombre. Además de ser un alimento fácil de conseguir y de elevada digestibilidad, el valor de la leche se ve muy potenciado por la presencia en ella de sustancias esenciales determinantes de la calidad nutricional de la misma. Un litro de leche entera líquida (2,5% de grasa) contiene alrededor de 32 g de proteína, 25g de grasa, 46g de hidratos de carbono, 1,2 g de calcio, 0,9 g de fósforo, 0,2 mg de vitamina A 0,4 mg de vitamina B1, 1,8mg de vitamina B2 y 17 mg de vitamina C. Con estos datos, una persona adulta que desarrolle actividad ligera, ingiriendo un litro de leche entera cubre aproximadamente las siguientes necesidades de nutrientes y microfactores: proteína 43%, grasa 30%, hidratos de carbono 15%, calcio 120%, fósforo 70%, vitamina A 40%, vitamina B1, 33%, vitamina B2, 130% y vitamina C 20%.

Composición de la leche de vaca.

87.3% AGUA

12.7% SÓLIDOS TOTALES

Fuente: Revista lechería. MA. RD. 2018

A la proteína láctea se le asigna un valor biológico de 92 (caseína 73, proteína del suero 130). En comparación con la proteína cárnica, es pobre en purina y contiene aminoácidos esenciales, por lo cual, una persona adulta cubre con medio litro de leche sus necesidades de leucina, isoleucina, lisina, treonina, triptófano, valina e histidina, pero no las de fenilalanina y metionina.

En la digestión de la proteína láctea, especialmente de la caseína, se liberan fosfopéptidos y caseomorfinas. Mientras que los péptidos bioactivoss faorecen la absorción del calcio y de otras sales minerales, los conocimientos adquiridos hasta el presente sobre las caseomorfinas apuntan a una función estimuladora de la insulina y a influir sobre el paso de la proteína láctea por el canal digestivo. Esto a su vez viene determinado por la textura del coágulo de leche, controlable por medios tecnológicos, y tiene repercusión sobre la proporción de aminoácidos absorbidos.

Los ácidos grasos esenciales son precursores de las prostaglandinas y tromboxanos formados en el organismo humano (mejora de la irrigación sanguínea, impedimento para que se adhieran las plaquetas a las paredes arteriales). Con la grasa láctea se ingiere también colesterol. Por contener 1 litro de leche líquida (con el 2,5% de grasa) 0,1 g de colesterol, 100 g de mantequilla 0,25 g, y 100 ml de crema 0,7 g, y ser la formación endógena diaria de colesterol en el hombre de 1-1,5g, el comer con mesura, en particular grasa láctea, acompañado de una alimentación variada, contribuye en gran manera a conservar la salud del consumidor.

La lactosa es el hidrato de carbono más importante de la leche y constituye una fuerte de energía. Tras desdoblamiento enzimático, se absorben la glucosa y galactosa que forman el disacárido. La lactosa contribuye en gran medida a la constitución de un sistema buffer ácido en el canal intestinal y a la absorción de elementos minerales macro y microponderables, como el calcio, magnesio, zinc, plomo, hierro, etc.

La lactosa es fundamental para la fabricación de productos fermentados. Por reforzar la acción de la pepsina en el estómago, como consecuencia del bajo pH que genera en dichos productos, estos no deben ser consumidos por niños pequeños.

La leche contiene todas las vitaminas necesarias para la vida. Su contenido oscila mucho, sin embargo, ya que depende tanto de la alimentación de las vacas, como de los métodos y tiempos de calentamiento practicados en la industria lechera, que las destruyen en cuantías variables. El calor desnaturaliza también las proteínas de la leche, las cuales, a diferencia de lo que sucede con las no calentadas, son más digestibles.

No todas las personas pueden aprovechar bien la leche, puesto que algunas presentan manifestaciones de intolerancia frente a la proteína láctea. Esta intolerancia para la proteína láctea aparece en personas de todas las edades y se observa en todo el mundo. Como resultado de la producción de reacciones inmunitarias provocadas por la proteína láctea actuante como antígenos, aparecen diversas alteraciones, como síntomas gastrointestinales y respiratorios, afecciones cutáneas o shock anafiláctico. Cuando la lactosa no puede desdoblarse, por faltar el enzima B-galactosidasa, se origina una intolerancia para la lactosa, y cuyo cuadro clínico se traduce en trastornos digestivos y diarrea. El síndrome puede hacerse evidente en las primeras semanas de vida del recién nacido (intolerancia congénita a la lactosa), en el curso posterior de la existencia, o generarse como consecuencia de una afección entérica (forma secundaria).

Una parte irrenunciable de la alimentación de los niños es la leche de madre.

Esta leche no contiene B-lactoglobulina, cuenta con menos proteína y más lactosa que la leche de vaca, y con mayor cantidad de vitaminas liposolubles en la grasa finamente distribuida; aunque muestra un contenido de sales minerales de sólo un 0,2%, es más rica en hierro. De aquí que las leches de vaca y cabra deban diluirse para su administración a bebés. El péptido DSIP (Delta Sleep Inducing Peptid) contenido en la leche de mujer ejerce acción tranquilizante del sueño profundo, aunque también estimula la vivacidad. Como consecuencia, existe la opinión hasta ahora no refutada de que las madres lactantes transmiten a sus hijos fuerza y amor a la vida. Y uno de los elementos que ayuda al ser humano y a los mamíferos a crecer y adaptarse firmemente a la vida es la leche, y sobre todo cuando es inocua y de calidad.

Fuente: fuente. Google.com 2019

2.2. Higiene de la leche obtención y manipulación de la leche cruda y derivados.

La higiene de la leche tiene como objetivo obtener una leche cruda de la mejor calidad. Con el tratamiento a que se somete posteriormente se pretende ofrecer al consumidor un producto de alto valor nutritivo, buena capacidad de conservación y exento de sustancias perjudiciales para la salud. Para lograr esto es necesario cumplir determinados requisitos, cuyo control es misión del técnico veterinario oficial (Dirección de Ganadería), o del contratado por la finca, el cual, además, asesorará convenientemente tanto a productores como a consumidores.

La limpieza y desinfección son requisitos esenciales para obtener leche en adecuadas condiciones higiénicas. Los productos limpiadores y desinfectantes utilizados en lechería deben contar con una elevada acción microbicida, escasos efectos corrosivos, olor y sabor neutros, e inocuidad tóxica. Al igual que sucede en otros campos de la producción de alimentos y manejo de animales, resulta decisiva, y por ello debe tenerse siempre en cuenta, la actuación de factores físico-químicos, la clase y concentración de los productos utilizados, la práctica de una limpieza previa a la aplicación de éstos, la potabilidad del agua, así como el tipo, forma y estado de los materiales con que se trabaje.

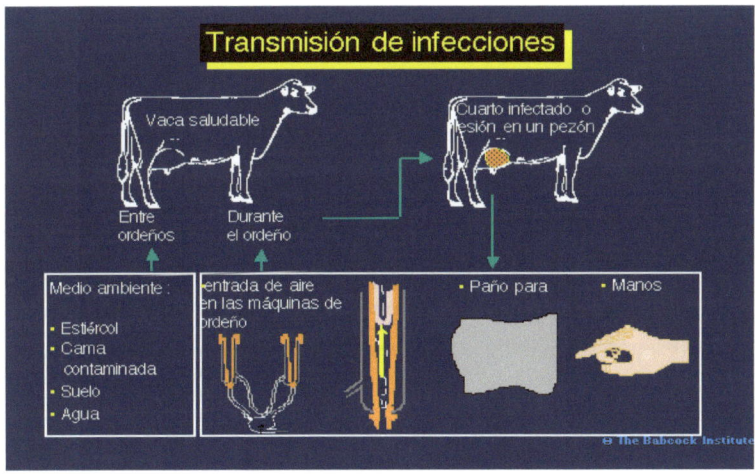

Hay un concepto más integrador de este proceso de limpieza y la desinfección, que es la **Sanitización**, cuyo propósito es: Reducir el número de microorganismos que hayan quedado después de la limpieza a un nivel que no puedan contaminar de forma nociva los alimentos. Para esta se utilizan prácticas y estrategias viables y técnico científica, que implica conocer los desinfectantes y los principales agentes patógenos que pueden estar presentes en las superficies, ambientes o alimentos que estamos manejando.

Ningún procedimiento de desinfección o esterilización, da lugar a resultados plenamente satisfactorios, a menos que a su aplicación le preceda una limpieza completa, profunda y acorde con el tipo de material o sustancias que queremos eliminar.

Limpieza es el proceso químico o físico de remoción de suciedad o tierra (materia orgánica) de las superficies. La limpieza remueve entre un 90-99% de las bacterias, pero miles de bacterias pueden aún quedar presentes después de la limpieza.

Desinfección es el proceso que resulta en la destrucción o reducción controlada de microorganismos presentes en las superficies.

Se utilizan desinfectantes diferentes según sea el producto que se procesa en la planta. El cloro, los yodóforos y los compuestos de amonio cuaternario son los desinfectantes más utilizados.

Todos los detergentes y desinfectantes deben ser grado alimenticio, ser poco corrosivos y residual. Uno de los más utilizados en las superficies que van a estar directamente en contacto con los alimentos es el cloro. Se debe conocer su concentración, para poder determinar la dosis a usar, así como también, el volumen de agua, y su calidad, ya que una no potable o dura puede interferir con la eficacia del desinfectante, así como lo hace la presencia de materia orgánica en la superficie a limpiar.

Tenga claro, que es el agua que se desinfecta, no es el producto. Si quedan residuos en el producto por encima de lo permitido por las normas, lo correcto es desecharlo, ya que este sería no inocuo, y podría dañar la salud del consumidor.

Como recomendación jamás mezcle detergentes y desinfectantes, a menos que estos sean sinérgicos, y lo recomiende el fabricante, pues puede producirse una reacción exergónica (producir calor o aumento de la temperatura) y producirse una explosión. Además que se inactiva la eficacia de ambos.

Principales bases químicas de los desinfectantes más utilizados
- Quats
- Aldehídos
- Quats + aldehído
- Peróxidos
- Fenoles naturales
- Ac. Orgánicos
- Dióxido de cl
- Ozono
- Quats + álcalis
- Fenoles sintéticos
- Cloro
- Iodo

Existen siete (7) pasos esenciales para cumplir con el proceso de limpieza y desinfección o sanitización correcta:

1. Remover la suciedad o materia orgánica presente
2. Limpiado en seco/ barrer o cepillar el área
3. Humedecer área a ser limpiada
4. Adicionar detergente/ y fregar área
5. Enjuagar
6. Desinfestar
7. Secado al aire/guardado de equipo de limpieza

Para que nuestro proceso de limpieza y desinfección sea efectivo es vitar conocer cuales agentes patógenos, pueden estar presentes en nuestras superficies. Así como evitar comer errores tales como:

- Ppm inadecuados
- Materia Orgánica presente
- Espectro de acción del desinfectante
- Desconocer el tipo de superficie a desinfectar
- Luz solar
- Tiempo de acción de desinfectante
- Alteración del pH
- Temperatura ambiente o de la solución
- Sistema de aplicación
- Puntos ciegos
- Etc.

Efecto de la luz solar, la temperatura y la materia organiza frente a los desinfectantes:

- Luz solar: Cloro y el Yodo
- Bajas Temperaturas: Formalina y Glutaraldehídos
- Materia orgánica: A. Cuaternarios, Yodo y Cloro

Uno de los puntos críticos al elegir un desinfectante es conocer el proveedor o suplidor del mismo, al que se le debe exigir que el producto cumpla:

- Concentración de los ingredientes activos
- Formulación del producto.
- Metodología para medir la concentración de ingrediente activo.
- Efecto residual.
- Test de eficacia validado con una prueba de Impacto Ambiental y Seguridad al Usuario según la norma nacional o internacional vigente ISO 14000.
- Hojas de seguridad completas
- Grado alimenticio
- Colorantes autorizados por el CODEX ALIMENTARIUS
- Información de Registro de uso de Medicamentos, productos, etc., Sanidad Animal, Ministerio de Agricultura y Saneamiento, Ministerio de Salud de países importadores.

Para cumplir con los requisitos del manejo y sostenimiento ambiental, se debe aplicar el programa de triple lavado con los envases y materiales residuales de estos detergentes y desinfectantes, disponer y eliminarlos de manera adecuada, cumpliendo con el programa de recolección municipal de cada país.

Todo buen programa de limpieza y desinfección conlleva el monitoreo o determinación de la eficacia y efectividad de estos, realizando pruebas básicas de hisopado y frecuentes recuento microbiano, o con la utilización de algún equipo de luminiscencias especifico.

Para la aplicación correcta del cloro o de cualquier desinfectante le recomendamos utilizar la siguiente formula. Tomando en cuenta que se debe conocer previo, la concentración del desinfectante y el volumen de agua a desinfectar.

2.3. Alteraciones de la leche cruda

Alteraciones de olor y sabor pueden instaurarse con gran rapidez (si se administran cebollas, al cabo de unos 30 minutos), constituyendo un importante parámetro para la categorización de la leche. Las causas de posible actuación dejan sentir con frecuencia sus efectos de forma combinada. Como origen de deficiencias presecretoras de la leche desempeña papel la captación por la vaca de sustancias de intenso sabor, que pueden seguir la vía del aire inspirado o el tracto digestivo, para llegar a la leche a través de la sangre. También revisten importancia a este respecto determinadas enfermedades de los animales, como cetosis o mamitis. Causas postesecretoras son el desdoblamiento químico de los componentes de la leche por oxidación, hidrólisis, calor y luz solar, así como el paso de sustancias de fuerte sabor a la leche por contacto directo. También la actuación de factores lipolíticos y proteolíticos, así como la proliferación de gérmenes glucolíticos, desencadenan gran número de reacciones bioquímicas de efectos negativos sobre las características organolépticas de la leche cruda (maltosa, agria, fermentada).

Debe señalarse que la leche caliente admite sustancias olorosas con mayor rapidez que la leche enfriada. En vacas que rinden poca leche, pero rica en grasa, se detectan deficiencias con más frecuencia. La leche de vacas de alto rendimiento (40 litros / día) tiene con frecuencia sabor amargo. Ligeramente salada es la leche que lleva algún tiempo ordeñado (leche vieja) y también la leche de vacas recién paridas.

Diversos piensos y numerosas hierbas (anamú) contienen sustancias de olor y sabor intensos. Por esta razón, no sólo la clase de pienso desempeña papel, sino también la cantidad y el momento de la ingestión. En particular, éstas son las sustancias más frecuentes: acetonas, ácido acético, esencia de mostaza, ácido butírico, Betaína, hexilamina, aldehído isobutiríco, etc. *Higiene veterinaria de los alimentos*.

Leche higienizada: Es el producto obtenido al someter la leche cruda o la leche *termizada* a un proceso de pasteurización, ultra-alta-temperatura, ultrapasteurización o esterilización, para eliminar los microorganismos patógenos, u otros tratamientos que garanticen productos inocuos microbiológicamente.

La leche como materia prima debe cumplir con los estándares de calidad establecidos en la norma nacional vigente. Uno de los principales indicadores de esta calidad es el color, sabor y olor, a continuación se explica, la razones que hacen que la leche cambio o modifique su condición normal.

Algunos métodos o pruebas de campo pueden evidenciar la condición de nuestra leche entre estas están:

- Prueba de Fondo Negro: mastitis clínica (se forman grupos)
- California mastitis Test CMT : mastitis subclínica
- Prueba de Alcohol : Termo Estabilidad de las proteína
- Prueba de Ebullición : Termo Estabilidad de las proteína
- Sensoriales: olor, color, sabor

Un ambiente limpio y desinfectado garantiza una leche de calidad e inocua.

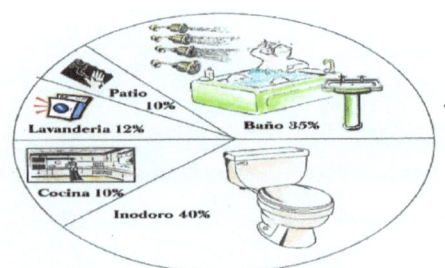

Fuente: google.com. 2019

2.4.   Indicadores sensoriales de la calidad de la leche.

La leche cruda, debe ser entregada a la planta en las primeras 2 horas que siguen al ordeño para evitar el rápido crecimiento bacteriano que ocasiona la disminución de su calidad   y su rápida descomposición. De lo contrario, la leche debe refrigerarse rápidamente después del ordeño y mantenerse entre 2 a 5 ºC hasta su procesamiento.

a. **Color**: es el principal indicador de calidad. Está determinado por la presencia de los glóbulos de grasa en suspensión. En las leches descremadas o adulteradas aparece un color azulado. La leche de vacas enfermas tiene un color grisáceo. Un tono rosa indica presencia de sangre o de patógenos, mientras que otros colores, como el amarillo, indican contaminación de sustancias coloreadas o presencia de patógenos.

b. **Sabor**: la leche cruda es un poco dulce debido a los azúcares. También puede detectarse un sabor salado, lo cual indica una alta concentración de cloruros, fruto de periodos infecciosos de la vaca o de que esta se encuentra al final del periodo de lactancia. Su sabor es muy peculiar y típico y, si se nota un sabor más ácido, es indicativo de un elevado porcentaje de ácido láctico

c. **Olor**: también es muy característico debido a los compuestos orgánicos, como los aldehídos y las cetonas. Si se detectan olores diferentes, puede deberse al consumo, por parte de la vaca, de ciertos alimentos antes del ordeño, de las superficies metálicas con las que ha estado en contacto la leche o de cambios químicos de la misma. En la industria lechera, estos parámetros se comprueban en cada tanque.

2.5.   Recibimiento de la leche cruda en la planta

Al llegar a la planta de procesado, la leche es filtrada para remover la contaminación gruesa que puede haberse escapado a la detección en la explotación o en el centro de recolección.   Se toman muestras, normalmente en triplicado y analizadas por la potencial contaminación o adulteración con agua, antibióticos, u otra sustancias, leche proveniente de otras especies como cabras u ovejas, y para determinar el pH y el contenido microbiológico de la leche que ingresa. Además, la leche es evaluada organolépticamente por olores inusuales que pueden indicar contaminantes. La leche puede ser centrifugada despacio para remover las células y otras descamaciones. En algunas plantas, la leche se almacena hasta cuatro días en tanques a granel refrigerados a temperaturas por debajo de 4°C, generalmente hasta 2°C. Esto puede realizarse si es necesario acumular leche suficiente para una partida de procesado. Si existen grandes cargas de bacterias psicrotrofas (tolerantes o amantes del frío) en la leche, un almacenamiento prolongado puede causar problemas. La leche cruda entera debe de ser manejada con cuidado para evitar turbulencias a medida que es bombeada en las cañerías, lo que puede causar la rotura de los glóbulos de grasa. *Instituto Babcock. 2011.*

La muestra debe ser tomada por una persona sana, capacitada y autorizada, preferiblemente por triplicado. La cantidad de leche necesaria para un análisis corriente, desde el punto de vista físico-químico es de 200-500 mL, mientras que para un análisis microbiológico bastan 150 mL. La leche no debe estar congelada, debe mezclarse bien durante el muestreo, pasándola 3 o 4 veces consecutivamente de un recipiente a otro. Si se encuentra en recipientes muy grandes, en camiones o tanques de almacenamiento; debe agitarse en forma completa, manteniendo la agitación por 30 segundos. Toda empresa por pequeña que sea debe mantener la misma rigurosidad de vigilancia y control, ya que las enfermedades, en este caso las zoonosis y las ETAs, pueden estar presente en la leche o derivados, sin diferencial la escala de producción.

La calidad de la leche, así como de todos sus derivados, está determinada sobre todo por la calidad del producto original. Este, a su vez, depende de las condiciones de los animales, de las zonas de producción, del trato recibido, del transporte o de la conservación. Una vez en la industria elaboradora, una correcta manipulación y control de los parámetros requeridos son fundamentales para que la leche que se comercializa sea segura y de calidad. La leche cruda pertenece al sector primario, representa una materia prima cuyo consumo puede ser directo o a partir de la cual se elaboran una gran cantidad de derivados. http://www.consumer.es/seguridad-alimentaria/ciencia-y-tecnologia/2012/04/18/208790.php

El procesado de los productos lácteos posee diferentes objetivos incluyendo algunos o todos los siguientes: • Remoción de todo tipo de partículas contaminantes que se encuentren presentes; • Eliminación de los riesgos para la salud humana; • Reducción del potencial de descomposición antes que el producto llegue al consumidor; • Mantenimiento del sabor del producto; • Reducción del contenido de grasa; • Estabilización del contenido de grasa para detener su separación; • Reducción del contenido de lactosa; • Adición de vitaminas.

Las llamadas pruebas de recepción o de plataforma se realizan directamente sobre la leche cruda bien mezclada y sin mayor preparación. Pero para las pruebas de laboratorio es indispensable seguir ciertas pautas que permitan tomar la muestra en forma representativa y conservarla de manera adecuada hasta su análisis. (AOAC, 1981; APHA, 1979; MIF, 1964). En Venezuela, el muestreo debe hacerse según la norma COVENIN 938-83, la cual especifica el procedimiento para cada producto lácteo.

Enriquecimiento vitamínico de la leche estas es una fuente importante de vitaminas A y D. Ambas son liposolubles y su contenido en la leche se reduce cuando la grasa es removida de la leche. La vitamina D es esencial para el metabolismo del calcio y las deficiencias se manifiestan especialmente en ancianos y niños que pueden desarrollar estructuras óseas débiles o con deformidades (raquitismo). Los precursores de la vitamina D son producidos en plantas que se exponen al sol. El contenido natural de vitamina D en la leche depende del alimento que el animal ingiere y de la exposición de las vacas al sol. La vitamina D se agrega a la leche procesada en muchos países y esto ha hecho una contribución significativa para la eliminación del raquitismo. La vitamina A se agrega a la leche para reemplazar la que es removida al reducir el contenido graso.

Un extracto concentrado de aceite de mantequilla es homogeneizado nuevamente dentro de la leche para reponer los valores de la leche entera. *Instituto Babcock. 2011*

2.6.   Tratamientos térmicos a los que se somete la leche para garantizar su calidad e inocuidad.

2.6.1. Pasteurización de la Leche

Para la conservación de la leche es importante que no esté expuesta a la luz directa, ya que pierde o se degradan ciertos componentes tales como: riboflavina y vitamina C y se afecta el sabor. Como sabemos la leche es sometida a procesos de enfriamiento, filtración, estandarización, pasteurización, ultrapasteurización y homogenización.

La pasteurización es el procedimiento por el que se somete uniformemente la totalidad de la leche u otros productos lácteos a una temperatura conveniente durante el tiempo necesario, para destruir la mayor parte de la flora banal y la totalidad de los patógenos, seguido de un enfriamiento rápido de la leche o los productos lácteos así tratados. La pasteurización posee un objetivo doble: 1) El de obtener una fuente de leche segura; 2) El de preservar sus características.

Inmediatamente después de pasteurizada la leche, deberá ser enfriada a una temperatura no superior a 4ºC, envasada y conservada a esta misma temperatura hasta el momento de su distribución, excepto las tratadas por el proceso UHT.

Se pueden utilizar diferentes tipos de pasteurización, dependiendo de objetivo y tipo de producto a realizar, pero siempre lo más importante es tomas en cuenta la calidad higiénica-sanitaria de la leche y la inocuidad de esta.

Temperatura y condiciones de tiempo para la pasteurización

Temperatura	Tiempo
63°C1- 145°F	30 minutos
72°C2 - 161°F	15 segundos
89°C - 191°F	1 segundo
90°C - 194°F	0,5 segundos
94°C - 201°F	0,1 segundos
96°C 204°F	0,05 segundos
100°C 212°F	0,01 segundos

Nota: Si la grasa excede 10% o si se agregan endulzantes, la temperatura debe ser incrementada en 3°C (5°F). 2. Un incremento en el tiempo y la temperatura son necesarios para los productos que contienen huevo. US Pasteurized Milk Ordinance.2011.

Pasteurizador para leche

Fuente: google.com. 2019

Este es un equipo, por lo general son muy costosos, pero garantizan a los industriales, un producto de calidad e inocuo, ya que a partir de la leche pasteurizada, la cual se comercializa como tal, además de que se utiliza para elaborar otros productos lácteos. Pero no es solo con este equipo que se puede obtener leche pasteurizada, ya que este proceso se puede lograr fácilmente en la casa, con ayuda de un termómetro, con escala hasta los 100°C o su equivalente en °F., una estufa y recipiente donde poder calentar la leche.

Fórmula para convertir °F a °C.

$$(32 \ °\mathbf{F} - 32) \times 5/9 = 0 \ °\mathbf{C}$$

Ventajas de la Pasteurización:

1. Destrucción de microorganismos
2. Reduce la capacidad de la grasa de formar nata

Desventajas:

1. Destrucción del complejo calcio-caseína, por lo tanto reduce la capacidad de la leche de coagular.
2. Precipitación parcial de las proteínas del suero, por lo que aumenta la viscosidad del suero dificultando su eliminación.

El proceso de la pasteurización para la elaboración de queso debe ser lo más moderado posible y a temperaturas relativamente bajas.

2.6.2. LECHE UHT

Es el producto obtenido mediante proceso térmico en flujo continuo, aplicado a la leche cruda o *termizada* en una combinación de temperatura entre 135 ° C a 150 ° C durante un tiempo de 2 a 4 segundos, seguido inmediatamente de enfriamiento hasta la temperatura de refrigeración y envasado en condiciones de alta higiene, en recipientes previamente higienizados y cerrados herméticamente, de tal manera que se asegure la inocuidad microbiológica del producto sin alterar de manera esencial ni su valor nutrimental, ni sus características fisicoquímicas y organolépticas, la cual deberá ser comercializada bajo condiciones de refrigeración."

Las bacterias crecen geométricamente, si encuentran las condiciones necesarias, de nutrientes, temperatura y humedad, tal como se muestra en la siguiente imagen.

24

Crecimiento bacteriano

Tiempo	Nº de Bacterias
12:00	1
12:20	2
12:40	4
13:00	8
14:00	64
15:00	512
16:00	4,096
19:00	2,097,152

Fuente: google.com. 2019

Pasteurización de la leche en pailas o carderos.

Fuente: foto del autor. Puerto Plata. R D. 2018.

2.7.   Calidad e inocuidad de la leche y derivados.

- Qué es Inocuidad?   Es la condición de los alimentos que garantizan que no causen daños al consumidor cuando se preparen y o consumen de acuerdo con el uso al que se destinan. *Codex Alimentarius.*
- Una definición, practica y bastante clara es: un alimento es inocuo, cuando me lo como y no me enferma ni me mata. *Carlos Ariel G. Castillo Vicioso.*
- Cuando una Leche es de Calidad? Cuando proviene de vaca sana, bien alimentada y que cumple con requisitos establecidos tales como: cantidad de grasa, sólidos, proteínas y minerales.
- Es el conjunto de características inherentes a bienes y servicios y que cumplen con las necesidades o expectativas establecidas, generalmente implícitas u obligatorias (requisitos), para satisfacer al consumidor o cliente.

Una leche inocua y de buena calidad debe cumplir con buenas prácticas de ganadera y cumplir con lo siguiente:

- Libre de Materias extrañas
- Ausencia de Microorganismos que dañen su inocuidad (patógenos)
- Residuos de antibióticos y Sustancias químicas, bajo los límites máximos permitidos
- Procedente de animales sanos
- Ambiente con la higiene adecuada
- Higiene adecuada durante el ordeño
- Condiciones de almacenamiento adecuadas
- Calidad del agua para dicha actividad
- Personal con la debida Capacitación y concientización del

Según estudios realizados si el ganadero implementa las buenas practicas ganaderas, higiene e inocuidad en la finca, la leche obtenida de sus vacas debe ser de clase A. Por lo menos en el 95% de ella, ya que el 5% de las leche no apta, se debe o alguna condición de salud de la vaca o a contaminación cruzada.

Por lo que podemos afirmar que aún en el caso de que la glándula mamaria se encuentre sana, se reconoce que las primeras porciones de leche ordeñada contienen microorganismos, disminuyendo su número a medida que el ordeño avanza. Por esto es vitar realizar la buena práctica del despunte, claro sin tirar los chorros al suelo, estos deben ser vertidos en un recipiente para su posterior eliminación o uso conveniente.

Las bacterias más frecuentes aisladas son:
- *micrococos sp, corynebcterium bobis, bacillos sp, estreptococos, estafilococos, y pseudomonas.*

En los primeros chorros de leche se han aislado:
- 6,500 gérmenes
- en los segundos 1,350
- Terceros 709

Por eso se recomienda descartar estos tres primeros chorros para limpiar la punta del pezón y su conducto.

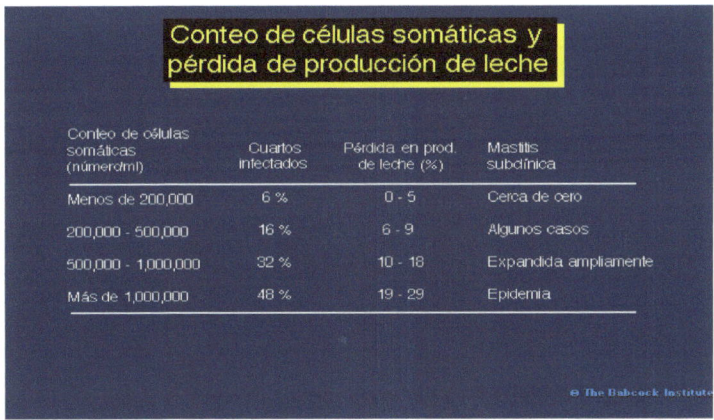

Conteo de células somáticas (número/ml)	Cuartos infectados	Pérdida en prod. de leche (%)	Mastitis subclínica
Menos de 200,000	6 %	0 - 5	Cerca de cero
200,000 - 500,000	16 %	6 - 9	Algunos casos
500,000 - 1,000,000	32 %	10 - 18	Expandida ampliamente
Más de 1,000,000	48 %	19 - 29	Epidemia

© The Babcock Institute

2.8.   Requisitos de calidad de la Leche

Según lo establecido en la norma nacional para la calidad de la leche según Codex Alimentarius.

Microbiológicos:
- RTAM: max 500,000 ufc /ml
- Red. azul metileno +/- 5 horas
- Células somáticas max 750,000

2.8.1. Parámetros establecidos:

a) Condición organoléptica normal: Color, olor sabor.
b) Exenta de materia extrañas.
c) Peso específico: 1.028-1.034 a 20ºC.
d) Índice crioscópico; 0.53 a 0.57 Horvet, o 0.512 a 0.550 ºC
e) PH 6.6 a 6,8
f) Acidez: 12 a 21 ml de hidróxido de sodio 0,1 N/100 ml de leche.
g) Sólidos no grasos: 82,5 gramos / litro, como mínimo.
h) Exenta de sangre y pus
i) Exenta de detergentes o antisépticos, antibióticos y neutralizantes. Los residuos de medicamentos, productos veterinarios y plaguicidas y otras sustancias nocivas para la salud no deberán exceder los límites máximos permitidos según la normativa nacional vigente (Departamento de Inocuidad Agroalimentaria) o como lo establece el Codex Alimentarius.
j) Sus requisitos microbiológicos y su contenido de materia grasa, serán los que determina el reglamento sanitario en cada país.

2.8.2. Prueba a las que se somete la Leche para determinar su calidad e inocuidad.

Una leche de calidad industrializable debe mantener sus características lo más próximo a su pureza.   La leche tiene una viscosidad de 1,5 a 2,0 centipoises a 20 ºC, ligeramente superior al agua (1,005 cp). Esta viscosidad puede ser alterada por el desarrollo de ciertos microorganismos capaces de producir polisacaridos que por la acción de ligar agua aumentan la viscosidad de la leche (leche mastitica, leche hilante).

El pH normal de la leche fresca es de 6,5 - 6,7. Valores superiores generalmente se observan en leches mastiticas, mientras que valores inferiores indican presencia de calostro o descomposición bacteriana.

A nivel de la planta, la observación de los caracteres organolépticos de la leche constituye una prueba de plataforma que permite la segregación de las leches de peor calidad. La técnica más común consiste en oler el contenido de un recipiente (cantará o tanque) inmediatamente después de haber sido destapado.

La leche que es enviada a la planta por el productor será sometida a lo menos a las siguientes pruebas:

    a) Determinación de la acidez titulable
    b) Prueba de Alcohol al 68, 72 o 75% v/v, según norma o industria
    c) Reductasa (azul de metileno) en leche no refrigerada
    d) Recuento de microorganismos aerobios mesófilos en leche refrigerada.
    e) Detección de inhibidores.
    f) Punto crioscópico.
    g) Prueba de la ebullición
    h) Determinación de la densidad
    i) Solido totales
    j) Entre otras. **Ver anexos, con explicaciones de algunas pruebas**.

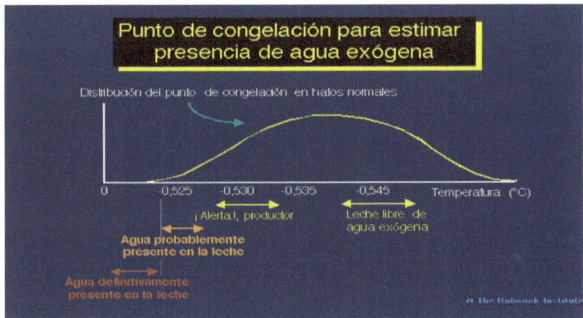

2.8.3. La leche y derivados y su incidencia en las intoxicaciones alimentarias

La probabilidad de enfermarse por tomar leche cruda es mayor para los bebés y los niños pequeños, los adultos de más edad, las mujeres embarazadas y las personas con el sistema inmunitario debilitado—como personas con cáncer, con trasplante de órganos o el VIH—que para los adolescentes y los adultos sanos. Sin embargo, las personas sanas de cualquier edad pueden enfermarse gravemente e incluso morir si toman leche cruda contaminada con patógenos.

Los principales patógenos que se encuentran en la leche cruda pueden hacer que las personas se enfermen. Estos microbios incluyen bacterias, parásitos y virus como *Campylobacter*, *Cryptosporidium*, *E. coli*, *Listeria* y *Salmonella*, aunque por su naturaleza y condiciones naturales de la leche puede ser hábitat para cualquier tipo de agentes, e incluso, virus y hongos. Así como también microorganismos adulterantes como son las levaduras. La siguiente grafica muestra la leche como el alimento que en el periodo señalado fue el responsable del 35% de las intoxicaciones alimentarias. De ahí la importancia de su adecuado manejo, de pasteurizarla para poder consumirla como leche líquida o al elaborar cualquier producto con ella.

BROTES DE ETAS – LACTEOS 1990–2003

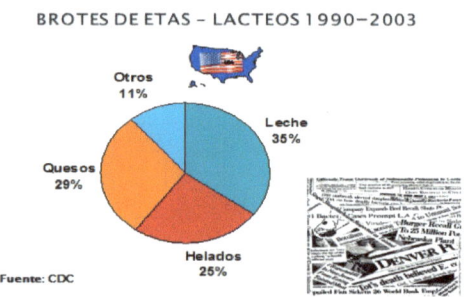

Desde 1993 hasta el 2012 hubo 127 brotes notificados a los CDC que fueron vinculados a la leche cruda. Estos brotes hicieron que se enfermaran 1909 personas y que 144 fueran hospitalizadas. La mayoría de los 127 brotes fueron causados por *Campylobacter*, *Escherichia coli*, productora de la toxina de Shiga, o por Salmonella. Los brotes notificados representan la punta del iceberg. La mayoría de

3. TECNOLOGÍA DE LA ELABORACIÓN DE QUESO

Indudablemente el primer paso en la elaboración de quesos incluye la recepción de la materia prima y todas las actividades implícitas en esta. Se debe asegurar la calidad de todos los ingredientes y aditivos a utilizar así como la calidad e inocuidad de la leche.

El quesero o la industria deben acordar con sus suplidores cuales son las condiciones en las cuales recibirá dicha leche y los demás insumos. Para ello debe hacer que los ganaderos cumplan con las buenas prácticas ganaderas exigir que se registren en el sistema o programa de vigilancia sanitaria oficial. Y que sus animales sean saneados anualmente. Y que se cumplan los periodos de carencias cuando estos sean sometidos algún tratamiento médico veterinario, para granizar que no aparezcan residuos en la leche por encima de los límites máximos permitidos, según lo establecido en la norma.

3.1. QUESO (Fromage)

Los datos nutricionales del **queso** pueden variar en función de su contenido en grasa, pero en general se puede decir que es una rica fuente de **calcio, proteínas,** y **fósforo.**

El queso tiene un **valor nutritivo** muy alto. Tiene todos los **nutrientes esenciales** de la leche, pero concentrados. Solo es escaso en hidratos de carbono, presentes en el suero de la leche y por tanto se pierden en gran parte en su proceso de elaboración.

Una libra de queso contiene, 2000 calorías y mejora con el tiempo de maduración, dentro de ciertos límites. En cambio el filete del jamón solo contiene 1,100 calorías.

Por definición el queso es: Producto fresco o madurado obtenido a partir del coagulado de la leche cruda o pasteurizada, crema, leche parcial o totalmente descremada, suero de mantequilla y/o mezclas de estos productos, con separación del suero resultante.

"Queso es el producto fresco o madurado obtenido por separación del suero de la leche entera, total o parcialmente descremada o del suero del queso, coagulado por acción del cuajo o de enzimas especificas o de ácidos orgánicos permitidos, con o sin la adición de sustancias colorantes, con o sin agregados d otros productos alimenticios, especias o condimentos."

El queso es un producto lácteo cuya materia prima inicial se mejora con ayuda de determinados procedimientos que incluyen la incorporación de aditivos y sustancias auxiliares; su principal componente es la proteína de la leche.

Según el Código Alimentario Argentino se define al queso como "el producto fresco o madurado que se obtiene por la separación parcial de la leche o leche reconstituida (entera, parcial o totalmente descremada) o los sueros lácteos, coagulados por acción física, del cuajo, de enzimas específicas, de bacterias específicas, de ácidos orgánicos, solos o combinados, todos con calidad apta para uso alimentario; con o sin agregado de sustancias alimenticias y/o especias y/o condimentos específicamente indicados, sustancias aromatizantes y materiales colorantes".

Queso crema y de freír elaborado por el autor, en Luperón, Puerto Plata. RD.

Fuente: foto del autor. Puerto Plata. RD. 2018

3.2.   Hay tres grandes grupos de quesos:

- Quesos frescos, que corresponden a la cuajada bruta, sin mucha maduración. Según hayan sido obtenidos a partir de leche entera o desnatada, son esquemáticamente equivalentes a la fase coloidal de la leche a la que se ha extraído en mayor o menor proporción la fase acuosa, con o sin el porcentaje de la fase grasa de la leche. En ciertas técnicas de elaboración de quesos la cuajada se enriquece con nata, lo que hace que los quesos tengan un contenido en grasa elevado.

- Los quesos madurados sufren transformaciones complejas debidas a floras microbianas que transforman la cuajada en un producto parcilmente lipolizado, y enriquecido en vitaminas B proporcionalmente a la intensidad de los procesos enzimáticos de degradación de los ácidos grasos y aminoácidos.   Entre los quesos madurados, se pueden distinguir los siguientes tipos:

a) Quesos con desuerado espontáneo y mohos externos, de pasta blanda, como el Camembert, Coulommiers, Brie Carreé de l'Est, Pont l'Evéque, Livarot, Munster, Maroiles, etc. están claramente menos mineralizados que las otras clases de quesos madurados.

b) Quesos con desuerado acelerado por diversas técnicas, que se subdividen en tres subgrupos, en función de las tecnologías utilizada:

1. Quesos con mohos internos, de pasta azul, como el Roquefort, Bleu d' Auvergne y todos los quesos azules.
2. Quesos de cortedza lavada y prensada, como el Saint-Nectarine, San Paulín, Cantal, Cheddar, holandés, etc.
3. Quesos que experimentan una cocción y un prensado, llamados de pasta cocida, como Gruyère, Comté, Emmental, Beaufort, etc. son los quesos más mineralizados, ya que pueden contener casi 1 g de calcio por 100 g de queso.

c) Quesos fundidos prensados o de pasta cocida, en los que la materia prima se funde en caliente en presencia de un 3% de sales de fusión a un pH exacto de 5,65. la cocción dura de 2 a 3 minutos a 80ºC y su fin es el homogeneizar la pasta y destruir los gérmenes.

Desde el punto de vista nutricional, el interés de los quesos es muy variable, puesto que en primer lugar depende de su contenido en agua, grasas y proteínas; su aporte vitamínico y mineral depende directamente de factores tecnológicos. De forma general, se puede decir, que son productos energéticos, excepto los productos magros, cuyo contenido en proteínas minerales y vitaminas es, con frecuencia elevado. Además se caracterizan por estar "predigeridos", gracias a la acción hidrolítica de las floras que se desarrollan durante su maduración. *Adrian, J. Y Frangne, R. La ciencia de los alimentos de la A a la Z. Editorial Acribia, S. A., Zaragoza, España. 1990.*

3.3. Existen numerosas clases de queso, agrupados en general de acuerdo con:

- El método de fabricación (quesos agrios, fundidos, cuajada)
- El grado de maduración (quesos frescos y quesos madurados)
- El porcentaje de grasa en el extracto seco (de crema doble "85%", de crema "40%", quesos magros "10%")
- El contenido de extracto seco (quesos duros, blandos, de corte)
- La clase de materia prima inicial (quesos de suero, de oveja, de cabra)
- El modo de precipitar la caseína (quesos lab y quesos de leche acidificada)

Los quesos frescos son productos que no requieren maduración. Entre ellos se cuentan la cuajada y diversos derivados, el queso fresco, queso en capas, cuajada de suero de manteca, etc. los "preparados" contienen también componentes aromatizantes. Los quesos frescos se fabrican, por ejemplo, como quesos de nata entera, de nata, de grasa entera, grasos, tres / cuartos grasos, semi-grasos, un cuarto grasos y magros.

La base del queso de leche agria es la leche desnatada y la cuajada preparada a partir de ella con ayuda de cultivos startes. Las clases de queso cuya superficie se cubre con grasa amarilla o mohos selectos, se sacan al mercado después de un determinado plazo de maduración. Conocidos tipos germanos son el Harzer, queso fuerte, queso amarillo, queso enmohecido, etc.

De acuerdo con el contenido de extracto seco, se distinguen los quesos duros, de corte y blandos. La tasa de grasa presente en el extracto seco varía entre el 10 y el 70%. Los cultivos startes utilizados en la producción de quesos lab. Son cepas de los géneros *Lactobacillus* y *Streptococcus*. También se emplean el Brevibacterium linens, diversas bacterias ácido propiónicas, bacterias bífidas y especies de Penicillium, como P. *camemberti, P. roqueforti* y *P. candidum*.

3.4.   Tipos de quesos duros
Emmental, Tieflander, Parmesano y Cheddar; diversos tipos de quesos de corte: Gouda, Edam Tilsit, Tolenser, Steinbuscher, quesos de manteca; quesos blandos: Limburger, Romadur, Camembert, Brie, Altenburg de cabra. Con el nombre de quesos verdes se designan los quesos duros y de corte con la maduración incipiente.

Los quesos fundidos son productos que contiene como mínimo el 20% de grasa en el extracto seco. Se elaboran a partir de quesos lab sometido a un proceso de calentamiento (fusión) a 85-95ºC, con incorporación de sales de fundido, condimentos y aditivos especiales, como jamón, embutido, leche en polvo y productos vegetales. Los quesos fundidos se ofertan como artículos de corte consistente o untables. *Higiene veterinaria de los alimentos. 2002. U. Chile.*

Fuente: google.com. 2019

37

3.5. Pasos fundamentales o generales en la elaboración de Quesos

3.6. Formato I

Preparación leche cruda	Selección leche apta para quesería. Pasteurización a 72°C
Tratamiento de la leche	Depósito inicial Premaduración primaria agregando cultivos. Incorporación de aditivos y sust. Auxiliares, como sal y colorantes. Premaduración secundaria agregando de nuevo cultivos.
Espesamiento	Agregando fermento lab.
Preparación pasta (favorecimiento de la sinéresis y formación granos de quesos)	Cortar Caseificación inicial Desuerado parcial Lavado Post-calentamiento Caseificación final Eliminación del suero
Conformación y prensado	Prensado previo Conformación, porcionado Prensado principal
Tratamiento del queso crudo	Fase de calentamiento Salazonado Escurrido y secado Envasado
Maduración	Lavado, embadurnado (con cultivos) Dar la vuelta, curado, parafinar

3.7.   Formato II

1. Selección de la leche
2. Tratamiento de la leche
3. Estandarización o tipificación del contenido de grasa
4. Premaduración
   a) Ajuste de la temperatura
   b) Adicción de cultivo o fermentos
   c) Adicción de materias complementarias (sales de calcio, nitrato, pigmentos, cultivos especiales.

5. Coagulación de las proteínas:

   a) Por acción de ácidos (proceso reversible)
   b) Por acción de enzimas, (proceso irreversible), renina o quimosina, proteasas microbianas no afecta a las proteínas del suero.

La temperatura influye sobre el tiempo de coagulación, capacidad de hidratación de la cuajada, la contracción de la cuajada y la acidificación.

6. Tratamiento de la cuajada. Fragmentación del gel, cuyo objetivo es: aumentar la superficie libre para facilitar la evacuación del agua.

El porcentaje de grasa que deberá contener la leche para cumplir con las exigencias mínimas para producir un queso vendible, depende de una serie de factores, siendo el más importante el tipo del mismo, el contenido de materias seca de la leche, las pérdidas de grasa y el contenido de sal del queso.

Por lo que es conveniente regularmente remitir muestras de quesos al laboratorio para su análisis, a fin de tener la seguridad de que se haya empleado en cada caso, leche de un porcentaje de grasa adecuado, cuyo porcentaje deberá ser modificado de acuerdo con la composición química de la leche, que varía según las estaciones, etc.

Es de gran importancia obrar con mucho cuidado al agitar la leche y al practicar la prueba de Gerber, ya que un error en la determinación del contenido de grasa de un 0.1% equivale a una diferencia de 1.5% en el contenido de grasa de la materia seca de un queso de 45% y todavía más en los quesos de tipo más seco.

El rendimiento en quesería depende de una serie de factores tales como los porcentajes de grasa y de proteína de la leche y la humedad del queso, así como las cifras de transición correspondientes a la grasa, la proteína, la lactosa y las cenizas.

Fuente: google.com. 2019

4. Reglas y Normas en el campo de los Quesos

Los quesos frescos deberán ser enfriados a una temperatura no superior a 5ºC inmediatamente después de su elaboración y mantenerse a esta temperatura hasta su venta.

En nuestro país esto será imposible, debido a que los quesos no se diseñan a un tamaño adecuado a la economía del comprador más pobre, que no puede comprar normalmente una libra o más de queso, pero, lo ideal sería que los quesos frescos no se fraccionaran en los locales de venta. (Colmados, puesto de venta de productos lácteos, super, etc), y esto es debido a que cada manipulación del producto aumenta la contaminación y así el riesgo para la salud humana de contraer enfermedades.

A los quesos untables o cortables se les podrá adicionar aditivos alimentarios autorizados.

La dosis máxima de los emulsionantes o cortable final será de 40g/kg, solos o mezclados, pero sin que los compuestos de fósforo agregados excedan de 9 g/kg calculados como fósforo.

Los quesos deberán indicar el contenido mínimo de materia grasa en el extracto seco. Cuando para la elaboración del producto se emplee leche que no sea la de vaca deberá indicarse la especie de donde procede la leche, así mismo cuando se empleen mezclas de leches.

5. Factores que afectan la permeabilidad del Grano:

   a) Temperatura de coagulación
   b) Cantidad de cuajo
   c) Tamaño del grano
   d) Momento del corte
   e) Agitación de la cuajada
   f) Lavado de la cuajada.
   g) Moldeo, volteo, prensado. Objetivo: dar al queso la forma que corresponda

6. Procesamiento general de los Quesos

El procesado correcto de los quesos utilizando buenos fermentos bacterianos para la acidificación de la cuajada, el queso se conserva durante largos tiempos, sin necesidad de añadir conservantes alguno. No obstante, unos fabricantes añaden Nitrato Potásico o sódico, en una cantidad abusiva (solamente 0,02% es permitido), a la leche destinada a la fabricación de quesos para prevenir la hinchazón del queso por acción de bacterias de los grupos Coli-aerogenes se encuentran en el queso en gran cantidad, queda entonces sin efecto la acción del Nitrato.

Los nitratos de sodio o potasio, son utilizados en la elaboración de quesos madurados y su uso está regulado a una dosis máxima del 0,005% (1 gramo por cada 20 litros de leche). Su función es la de impedir la hinchazón precoz por bacterias *coliformes* y la hinchazón tardía por *Clostridium,* de los quesos. La hinchazón precoz ocurre en la primera semana de maduración y la tardía después de la segunda semana. Estos defectos se deben a la acumulación de gas provenientes de la fermentación producida por dichos microorganismos. Los nitratos al reducirse a nitrito permiten la formación de agua con el hidrógenos producido por los *coliformes* con lo cual se evita la acumulación de gas, mientras que los *clostridios* son inhibidos por ser sensibles a los nitritos y el gas producido también se convierte en agua con la reducción de los nitratos. El uso de nitratos debe ser evitado siempre que se pueda, ya que los nitritos han sido señalados en la formación de nitrosaminas cancerígenas para el consumidor.

El uso de sales de nitratos tiene también su desventaja, ya que se nota en el producto final un sabor amargo más o menos desarrollado, que pude perjudicar considerablemente la calidad. Por lo tanto es mejor utilizar la higiene y tecnología adecuadas para prevenir la utilización de conservadores.

El queso es un producto muy nutritivo con gran concentración de proteínas, grasas, sales minerales y vitaminas. Respecto al valor nutritivo, el queso es parecido a la carne, pero es más concentrado que ésta. El queso es rico en fósforo y calcio. Favorece el crecimiento y fortalecimiento de los dientes y los huesos.
La elaboración de quesos ha permitido una mejora constante de según el tipo y el país, uno de los ingredientes o aditivos que se usan comúnmente para la elaboración de queso es el cloruro de calcio, se utiliza para corregir los problemas de coagulación que se presentan en la leche almacenada por largo tiempo en refrigeración y en la leche pasteurizada. Su uso permite disminuir las pérdidas de rendimiento en estos casos y permite obtener una cuajada más firme a la vez que permite acortar el tiempo de coagulación. La dosis máxima a utilizar es de 0,02% (1 gramo por cada 5 litros de leche). O a razón de 7.5 gramos de cloruro de calcio para 50 litros de leche. Este último se disolvió previamente en agua potable agregar a la leche, mover varios

minutos para incorporarlo homogéneamente. Una dosis excesiva conduce a una cuajada dura y quebradiza y con sabor amargo.

La adición de cloruro de calcio a la leche es para reponer el mineral precipitado debido al calentamiento, y este hace que la micela de caseína, es decir la proteína de la leche se unan, y por este efecto se pierde menos de esta en el suero.

Para la elaboración del queso se utilizan cultivos mixtos de inoculación directa que contienen bacterias tales como: St. *Láctis*, *St. Cremoris* y *St. Diacetiláctis,* entre otras. Para el manejo de este cultivo que viene liofilizado primeramente se pone a temperatura ambiente durante aproximadamente una hora, después se adiciona a una cantidad mínima de leche y se agita constantemente para aplicarlo a toda la leche agitando constantemente. El tiempo de maduración va de aproximadamente de 2 8 horas en donde la acidez del suero oscile entre 22 a 26º Dornic. Es bueno al comprar estos cultivos, velicar su utilización y manejo.

Otros ingredientes o aditivos utilizados son colorantes, son frecuentes el achiote (***Bixia orellana***) y el â-caroteno para impartir al queso el color amarillo. Se recomienda siempre verificar la calidad e inocuidad de estos productos, para evitar incorporar a nuestro producto final, algunos sabores o elementos contaminantes.

En la elaboración de algunos quesos donde se busca una cuajada mixta (coagulación ácida y coagulación enzimática), donde se emplean cultivos iniciadores, la leche se deja madurar antes de la coagulación. Es decir, se deja en reposo a una temperatura controlada, la cual debe ser similar a la óptima para el crecimiento de los cultivos, por un tiempo determinado hasta alcanzar cierto grado de acidez según el tipo de queso que se vaya a elaborar. La acidez obtenida influirá en las características de la cuajada Otros de los productos utilizados para mejorar la calidad de los quesos son los cultivos lácticos: el tamaño del inoculo utilizado (cantidad de microorganismo, liofilizado o cultivos estarte o yogurt natural), afecta el tiempo en que se obtiene la cuajada. Cuando se trabaja con cultivos madres se emplean un inoculo del 1 al 2% con una población microbiana de 106-107 ufc/gr.

El cuajo junto con la leche son los elementos vitales para poder obtener este producto tan importante para la dieta de los seres humanos en todo el mundo. Aunque como se conoce, no solo con cuajo se hace queso. Este tiene la propiedad de romper la molécula de kappa caseína a nivel del enlace entre los aminoácidos 105-106 (fenilalanina-metionina), lo cual hace inestable a las micelas y provoca la coagulación de la leche ocurriendo la formación de la cuajada, que al final del proceso dará origen al queso. Como resultado de la acción enzimática sobre la kappa caseína, se forma un glicomacropéptido (aminoácidos 105-169) soluble en el suero y una parakappa caseína que forma parte de la cuajada.

De una parte a otra del mundo, la técnica de la elaboración del queso y su consumo varían radicalmente según factores históricos, geográficos y económicos. Aquí siguen algunos ejemplos:

- En las regiones del Himalaya (Asia) que tienen los nevados más altos del mundo, se hace requesón con leche descremada y acidificada y se lo seca sobre el techo de la casa de acuerdo a la siguiente técnica: se toma un puñado de requesón húmedo y se aprieta la mano formando tiras delgadas que se dejan secar al sol hasta que tengan una consistencia sólida.
- En Suiza y Alemania, se desarrolló, hace dos siglos, el queso Emmental y el Gruyere, elaborados en cooperativas. Estos quesos se caracterizan por su gran tamaño: Pesan entre 40 y 120 kilos.
- En Inglaterra, Australia, Nueva Zelandia, Canadá y Estados Unidos, el queso se elabora en grandes fábricas, siendo el Cheddar el tipo de queso más conocido y popular.
- Cuando la leche contenida en la Tina ha llegado a la temperatura de coagulación, se agrega el fermento láctico, a razón de un litro o algo más por cada 100 litros de leche. Esta operación tiene por objeto la producción de ácido láctico a partir de la lactosa de la leche, por acción de los microbios del fermento láctico. Es necesario que la leche tenga un óptimo de acidez para lograr un buen desuerado de la cuajada.

El tiempo de maduración de la leche es muy variable, pues depende de la acidez de la leche cuando llega a la quesería. En los lugares donde se ordeña muy temprano, antes de que el sol caliente y cuando la quesería está cerca del lugar del ordeño, es posible que la leche llegue muy fresca, con 16 –17º de acidez. En este caso, será necesario dejar la leche con el fermento láctico, durante una hora por lo menos, antes de cuajar, de modo que su acidez llegue a 18-19 grados Dornic. En otros sitios, a pesar de un ordeño temprano, por la distancia grande la leche tarda mucho (2 a 3 horas) en llegar a la quesería y su acidez está entre 18 y 19 grados D. En este caso, el tiempo de maduración o acidificación de la leche no debe exceder de media hora. Finalmente, se puede dar el caso de productores que ordeñan al mediodía, es decir a la hora de más calor y leche llega a la quesería sólo al finalizar el día, después de un transporte de 3 ó 4 horas. En este último caso, lo más probable es que la leche tenga ya demasiada acidez, por lo que el tiempo de maduración de la misma debe ser nulo, o sea se debe añadir el cuajo inmediatamente después de haber agregado el fermento láctico a la leche. Incluso, puede ser necesario añadirle agua si su acidez es superior a 21 ºD., puesto que tanto el exceso como la falta de acidez ocasionan desperfectos en el queso.

La coagulación es la solidificación de la leche debido a la precipitación de la caseína, la cual encierra la mayor parte de la grasa. La cuajada tiene la apariencia de una gelatina de color blanco y se forma al cabo de 30 minutos después de haber echado el cuajo. Se encuentra lista para cortar cuando se nota lo siguiente: la cuajada levantada con el dedo debe partirse limpiamente, sin grietas ni adherencias. La cuajada que se encuentra junto a la pared de la paila debe despegarse al presionarla con la palma de la mano. La pala plástica colocada sobre la cuajada debe poder quitarse sin que ella se adhiera.

Es la división del coágulo de caseína, por medio de la lira. El corte tiene por objeto transformar la masa de cuajada en granos de un tamaño determinado, para dejar escapar el suero. El tamaño de los granos de cuajada depende del contenido de agua (humedad) que se desea en el queso.

Para fabricar quesos blandos, los cuales tienen bastante agua, es necesario cortar el bloque de cuajada en granos grandes. Por el contrario, para obtener quesos duros, con poco agua en el interior de la masa, los granos deben ser muy pequeños. Generalmente el tamaño de la semilla de plantas conocidas. (Habichuelas medianas)

6.1. Corte de la Cuajada

El corte de la cuajada comprende dos fases: La primera de ellas consiste en introducir la lira pegada a la pared de la tina, empezar a cortar la cuajada en una misma dirección. Cada vez que se llega al extremo opuesto de la paila, se da una vuelta de 360 grados, levantando algo la lira pero sin llegar a sacarla totalmente de la cuajada, con el objeto de dañarla lo menos posible. Al llegar la otro extremo de la tina, se procede a cortar la cuajada en dirección transversal a la anterior, siguiendo el mismo procedimiento, con lo cual el bloque de cuajada adquiere la apariencia de una cuadrícula, obteniéndose listones verticales. Se interrumpe entonces el cortado, dejando el bloque seccionado en reposo durante cinco minutos, en los que empieza a salir el suero.

Fuente: google. 2013

Después viene la segunda fase de corte, en la que los listones verticales volteados con la ayuda de platos de plástico, movidos por un segundo operario, para luego ser cortados con lira que se desplaza en dirección transversal a ellos. Se obtienen así granos o cubitos de cuajada. El número de pases depende del tamaño de grano que se desea obtener. En principio, se trata de cortar la cuajada en granos de 6 a 7 mm de diámetro, para obtener un queso semiduro, pero en la práctica los granos tienen entre 5 y 10mm, debido quizás a la dificultad de la operación y a la poca experiencia de los queseros. Como regla general se dice que los granos de cuajada deben tener un tamaño similar al del grano de maíz mediano. Todas estas operaciones de corte de la cuajada duran alrededor de 10 a 15 minutos.

6.2. Batido

El batido es la agitación de los granos de cuajada dentro del suero caliente, para que salga el suero que poseen en su interior. Conforme avanza el batido, el grano disminuye de volumen y aumenta su densidad, por la pérdida paulatina de suero. Por esta razón, es necesario batir el grano cada vez con más fuerza. La velocidad del batido debe ser tal que los granos de cuajada siempre se vean en la superficie del suero. El tiempo de batido también varía con la clase de queso que se desea fabricar. Los quesos blandos, que deben tener granos grandes, con bastante humedad en su interior, no deben ser batidos demasiado tiempo. Por el contrario, los quesos semiduros y duros, que deben tener un grano pequeño, con poco suero adentro, se baten durante más tiempo.

Debe tenerse en cuenta, sin embargo, que la alta acidez y la alta temperaturas tienden a dar un grano muy pequeño cuando el batido es prolongado.

Es importante sacar gran parte del suero del interior de los granos de cuajada, pues en caso contrario, el queso resultante tendrá mayor humedad y su período de conservación será muy corto, ya que la presencia de agua favorece la multiplicación bacteriana.. Además, esta agua está acompañada de lactosa, la cual es el principal alimento de los microbios. Por eso, mientras exista en el interior del queso más lactosa, no transformada en ácido, más rápido se dañará el queso.

Al finalizar el batido, se saca el agitador y los granos de cuajada se depositan rápidamente en el fondo en razón de su mayor peso. Después, se puede empezar a sacar de la paila parte del suero, cargado de lactosa y de ácido láctico, que ya no se lo necesita. Si se tiene una descremadora, vale la pena separar la crema y luego hacer mantequilla. También puede ser útil separar la proteína (albúmina sobre todo) en forma de requesón, dárselo enseguida a los cerdos o a los terneros, cuando aún no contiene más que lactosa y sales minerales.

Fuente: google. 2019

6.3.   Lavado de la Cuajada

El lavado es la mezcla de los granos de cuajada con agua caliente, con el propósito de sacar el suero, cargado de lactosa y de ácido láctico, del interior de aquellos y reemplazarlo con el agua.   De esta manera diluyendo la lactosa se detiene la acidificación de la cuajada e ingresa agua para conservar una consistencia blanda o semidura en el futuro queso.

Si no se hiciera esta operación, sería casi imposible obtener quesos blandos sin exceso de acidez, pues al quedar mucho suero dentro de los granos de cuajada, la lactosa sería transformada totalmente con el tiempo en ácido láctico y el exceso de éste puede producir grietas en el interior del queso.

Se aprovecha el lavado para agregar un poco de sal a la cuajada. Su objetivo no es tanto dar sabor al queso, pues éste será madurado posteriormente, sino obstaculizar el desarrollo de los microbios de la putrefacción, con el que se aumenta el período de conservación del queso. Si la sal está sucia, lo correcto es lavarla adecuadamente, aunque lo recomendable es usar sal molida a la que se le ha verificado, como materia prima sus condiciones de calidad e inocuidad.

También el agua se utiliza, en la práctica, para trabajar la cuajada en varios tipos de queso, tanto para retirar suero de la cuajada como para la textura de esta. La cantidad de agua caliente que se añade varía con la acidez del suero: a mayor acidez, será necesario agregar más agua y sacar más suero previamente. La temperatura de esta agua debe estar entre los 50 a los 56°C. Siempre debe ser agua potable o del mismo suero que sea retirado.

No se debe usar agua fría, pues al añadirla a los granos de cuajada, éstos se hincharían en vez de contraerse para expulsar el suero cargado de lactosa. En tales condiciones, los granos guardarían el suero y absorberían el agua, siendo aún más blandos, como si no hubiesen sido batidos.

El cambio del suero por el agua caliente, dentro de los granos de cuajada, se realiza durante un segundo batido de los mismos. Posteriormente, se desuera la casi totalidad del líquido, para facilitar la recolección de la cuajada y su moldeado posterior.

6.4. Moldeado

El moldeado es la colocación de los granos de cuajada dentro de un molde para dar la forma del queso. Para asegurar esta forma se acostumbra prensar la cuajada durante cierto tiempo, en el caso de los quesos de pasta semidura y dura. No se prensan los quesos blandos de granos grandes, pues perderían demasiada humedad y su masa ya no sería blanda. Estos últimos quesos se moldean por su propio peso, pero es necesario que permanezcan en un ambiente caluroso (20°C) porque si los granos se enfrían, ya no se aglutinan entre sí y es imposible compactar posteriormente la cuajada en un solo bloque de queso. Nunca se debe lavar la mesa de prensado estando allí los moldes con agua fría, sino con agua caliente.

El prensado debe ser muy suave al comienzo y después puede aumentarse la presión paulatinamente. Si el queso es sometido a una fuerte presión desde el comienzo, cuando aún tiene mucho suero, se produce una fuerte deshidratación en la parte exterior de la masa, juntándose íntimamente los granos hasta formar una especie de pared que no deja salir el suero del interior de la masa. Este desuerado desigual produce un queso con corteza muy dura, con una masa periférica reseca, que se deshace como si fuera arena, al cortarla y con una masa interior demasiada blanda y ácida.

Sobre la mesa de moldeo, los moldes se llenan totalmente. El suero sale por las perforaciones laterales de cada moldeo. Se puede apurar la salida del suero, presionando levemente la cuajada con la mano. Una vez que ha escurrido todo el suero visible, lo que demora sólo unos cinco (5) minutos, se realiza un primer volteo del queso.

Los quesos se retiran de los moldes y se los pesa para llevar así el control técnico y calcular el rendimiento obtenido con respecto al volumen de leche utilizado. También se marca cada molde con letras claras, fecha de elaboración, para poder identificarlos luego y tener claro su vida útil. Después deben ser pasados a la salmuera.

TIPOS DE MOLDES Y LLENANDO LOS MOLDES

Fuente: google.com. 2019

6.5.   Salmuera y salado de los quesos

La salmuera es una solución o mezcla de agua con sal, calculada al gusto o según evaluación del mercado o consumidores al que será destinado el producto final, en esta solución se sumergen los quesos que adquieran su sabor y para propiciar la formación de la corteza. La corteza se forma debido a la salida del suero y la entrada de sal a la periferia del queso.

La sal es un ingrediente importante, ya que ayuda a determina en gran parte la calidad e inocuidad del producto y la aceptación del consumidor. El salado del queso tiene influencia en la calidad debido a sus efectos sobre la composición, y sobre la inocuidad por que disminuye el crecimiento de bacterias patógenas y la actividad enzimática. A mayor cantidad de sal adicionada, menor agua en el grano y por disminuye la humedad o actividad de agua. Actúa no solo dando sabor y textura, sino que bloquea grupos de bacterias y hongos patógenos. Es un conservador neto por excelencia de muchos tipos de alimentos y otros, tales como las pieles y las carnes, etc. El problema es que mientras más sal, se entra en conflicto con la salud de los consumidores.

Una de la forma de preparar la salmuera es disolviendo 10 kilos de sal en 30 litros de agua hervida y caliente, los que da una salinidad de 20-22º Baumé. Se deja enfriar la solución hasta 12 º C. Y se colocan en ella los quesos. Estos deben permanecer allí de acuerdo a su tamaño y tipo de queso: Por ejemplo el queso Gruyere (40kg) 48 horas, Tilsit (3kg) 20-24 horas. *Dubach, José. El ABC para la quesería rural del Ecuador.1986*

6.6.   Tipos de salazón:

- Adición de sal a la leche
- Salazón de la cuajada
- Salazón seca o inmersión del queso en la salmuera

6.7.   Riqueza, acidez y temperatura de la salmuera para el salado de queso

En algunos casos contados, la salmuera para el salado, produce una corteza de queso demasiado dura, defecto que podrá ser evitado usando una solución menos concentrada. Esta, no obstante, deberá tener un contenido de sal de un 20% como mínimo, equivalente a 19º Baumé. La riqueza de la salmuera deberá ser controlada diariamente, para asegurarse de que la solución no se vuelva demasiado débil. Cuando ocurre esto, la proteína del queso exudada por el suero degenerará rápidamente, con el resultado de que la aceleración del crecimiento de bacterias causará defectos, no solamente en la corteza del queso, sino también en la masa del mismo.

La acidez de la salmuera tendrá que ser más o menos la misma que la del queso, o sea, de un pH de 5,2 aproximadamente, aunque, generalmente, será algo mayor en una solución reciente preparada, dependiente del grado de acidez del agua. Normalmente, la acidez tardará alrededor de una semana en bajar al valor pH deseado, y a fin de evitar un perjuicio de la textura de la corteza del queso durante este lapso de tiempo, conviene ajustar enseguida dicho valor al nivel requerido, mediante la adicción de ácido clorhídrico.

Unos de los factores principales que controlan el ritmo de absorción de sal por el queso es la temperatura de la salmuera, que tiene que ser mantenida constante a 10-12ºC durante todo el año. Es necesario, pues, en la mayoría de los casos, enfriar la salmuera durante el verano y calentarla en el invierno. *Pasilac. Tecnología de la Industria Lechera. 1985.*

6.8.   Maduración y conservación

Conjunto de procesos químicos cuyo origen es físico, microbiológico y enzimático.

En la industria de elaboración de quesos, la maduración consiste en una sucesión de operaciones enzimáticas, la mayoría producidas por floras microbianas, que dan lugar a una fermentación de la lactosa residual de la **cuajada**, una lipolisis con una cierta degradación de los ácidos grasos libres formando ácidos cetónicos y metilcetonas, y una proteólisis que libera péptidos, aminoácidos y aminas y finalmente amoníaco. Los agentes de maduración son los estreptococos, lactobacilos, enterococos y mohos, como ***Geotrichum candidum***. Adrian, J. Y Frangne, R

En la superficie de los quesos se desarrollan las levaduras y los mohos. La selección de la flora se hace en función de las condiciones físico-químicas de mantenimiento de la cuajada, especialmente el salado, y de factores externos al medio de maduración. Escencialmente, los factores que controlan la maduración son la humedad, la aireación, la temperatura, el pH y el contenido de sal.

Como resultado se obtiene:

- Formación de la corteza
- Formación de una pasta homogénea y elástica, y
- Formación de orificios (ojos), fisuras o grietas

Fuente: google.com. 2019

54

6.9.   Diferentes Recetas Para Quesos y Yogurt.

La elaboración de los quesos y los yogures, existen un sin número de técnicas, recetas y formulas, que los queseros han venido desarrollando desde los tiempos más remotos en que se inició la industrialización de la leche. Mientras existan seres humanos, se estará inventando y creando tipos de queso como queseros existan. Nada es tan diverso y capaz de recibir tantas modificaciones como la leche y el requesón o la cuajada. Esa masa tan exquisita, puede combinarse con lo que le guste, cualquier tipo de producto agrícola, e incluso pecuario, puede dar origen, a un producto, jamás antes elaborado. Para muestras les ofrezco, este grupo de recetas, muchas conocidas por ustedes, otro producto de mi experiencia en el mundo de la leche y la cuajada.

La leche para la elaboración de quesos o de otros productos lácteos debe ser pasteurizada, según lo establece la norma internacional de seguridad e inocuidad de los alimentos. Esta regulación garantiza que a través de la leche los consumidores tenga poca oportunidad de padecer alguna de las enfermedades zoonocticas, que pueden ser transmitida, como por ejemplo: la brucelosis, tuberculosis, o cualquier otra que provenga de las vacas, cabras, ovejas, búfala, etc., o que por las características propia de la leche esta se contamine con algún patógeno y llegue a algún consumidor susceptible.

Receta de mi esposa Doña Lilliam: Aguacates,
aceite de oliva, sal, queso tipo Holandés y albahaca.

6.10. **La receta más fácil para elaborar queso es la del Queso Blanco o Requesón:**

Este se forma incluso hasta sin intervención del hombre, con solo dejar la leche cruda en una vasija, a 25 o 30ºC o más grados, después de ser recolectada, ocurre el aumento de la acidez, y esta se comienza a coagular, formándose la cuajada, por el crecimiento bacteriano que ha ocurrido.

Procesamiento

1. Se calienta la leche a 32-37ºC. preferible utilizar leche pasteurizada a 65 ºC por 30 minutos. Puede usar leche cruda si la leche cumple con los estándares de calidad e inocuidad. De una leche procedente de vacas sanas y de una lechería certificada BPG.
2. Se agrega el cuajo según dosis recomendada por el fabricante, tomando en cuenta su fuerza o la concentración de este
3. Formación de la cuajada
4. Corte de la cuajada, con lira de 2mm
5. Desuerado parcial, a más o menos un 60% del suero.
6. Sal al gusto (1 o al 2%) del peso de la cuajada
7. Se le puede agregar especies, hierbas, ajo, orégano, cebollas, cebollines, ají picante, mermelada de guayaba, enrollado de tocineta, chicharon, etc.
8. Desuerar en paños (siempre bien esterilizados, hervirlos) o llevar a moldes, preferibles plásticos grado alimenticio o de acero inoxidables.
9. Prensar, apretando los paños o colocarle alguna pesa por unas cuantas horas
10. Listo, para comer.

6.11. Elaboración de Queso de Freir con leche cruda

Recomendamos fabricar este queso solo a ganaderos que garanticen que su ganado está plenamente saneado (libre de tuberculosis y brucelosis, certificado por un médico veterinario oficial) y que su fabricación no representa un peligro para la salud de los consumidores. Es prudente colocar la recomendación de que este queso, a menos que se cumpla lo anterior es para elaborar platos calientes, tostadas o Sándwich u otro alimento que amerite una pasteurización o temperatura de cocción.

Procesamiento

1. 100 litros de leche/ calentar hasta 42 o 37ºC.
2. Agregar cuajo (diluido en agua fría más sal) según dosis recomendada por el fabricante.
3. Reposar
4. Corte de la cuajada
5. Agitar por 15-20 min.
6. Desuerar
7. Agregar sal a razón del 1 al 3%
8. Moldear con paños estériles
11. Prensado 250kg y volteo varias veces al día
12. Listo para consumir (Freír en aceite bien caliente)
13. Vida útil 15 a 30 días, manteniendo la cadena de frio o madurar, crear corteza con salmuera o parafina grado alimenticio.

6.12. Elaboración de Queso Semi-duro (Leche de Vaca, Oveja o Cabra)

Estos quesos poseen un carácter enzimático preponderante. La técnica de desuerado rápido y el prensado mecánico, es la que logra compactar efectivamente los granos de la cuajada, para dar la textura semi-dura. Entre ellos se encuentran el Gouda, Manchego, Edam, entre otros muchos más.

Procesamiento

1. Tomar 6 litro de leche pasteuriza a 100ºC/ 3 min
2. Enfriar rápido hasta 42ºC
3. Agregar 1 taza de Yogurt o cultivo láctico 1 a 2 gramos liofilizado
4. Batir suave por un minuto
5. Agregar cuajo mezclado con agua fría, según dosis recomendada por el fabricante
6. Mezclar bien
7. Reposar/45 min
8. Corte de la cuajada, pedazos pequeños
9. Calentar a 42ºC/20 min, a fuego lento y mover frecuentemente
10. Verter en paño, exprimir
11. Añada sal y mezcle
12. Aquí puede añadir hierbas, especies, frutas o tubérculos.
13. Exprima todo el suero
14. Ya duro o firme, cambie de paño y envuélvalo en plástico, o lo puede moldear y prensar.
15. Refrigera y comer 30 y 90 días, bajo condiciones de refrigeración. Si se va a dejar fermentar en condiciones ambientales dr 25 a 35 ºC y alta humedad, se debe estar seguro de la calidad higiénica sanitaria de la cobertura, para evitar crecimiento de hongos innecesarios.

6.13. Elaboración de Riccotta

Procesamiento

1. Tome 2/4 de suero
2. Ervir hasta formar crema en la superficie
3. Mezcle con 3 tazas de leche
4. Llévelo hasta casi ebullición
5. Agregar 3.5 cucharadas de vinagre o limón, o hasta que se forme la cuajada
6. Mover rápido hasta flotar la cuajada, mantener caliente, pero que no hierva
7. Reposar/45 min
8. Remueva el cuajo con colador
9. Escurra 7-8 horas, agregue sal y póngalo en lugar fresco.
10. Servir.

La elaboración de este producto, es solo por cumplir con algunas demanda del gusto de algunos clientes, ya que sus beneficios en la industria láctea, no son de lo mejores, además del trabajo que implica su realización, después de una jornada, con ciertos productos, de mayor complicación industrial.

6.14. Elaboración de Queso Karla (leche de cabra, oveja o vaca o una mezcla de ellas)

Es un queso, de pasta semidura, tipo Gouda, de buen sabor, que depende del tiempo de maduración, la calidad de la leche y de los ingredientes utilizados para su elaboración. Así como también de la experiencia del quesero.

Procesamiento

1. Leche 7 litros a 35-42ºC (leche pasteurizada)
2. Añada 2 onzas de Yogurt, mezcle 10 min, o cultivo láctico liofilizado 1 o 2 gramos.
3. Puede añadir colorantes, hiervas o especias
4. Añadir cuajo, a la dosis recomendada por el fabricante, mezcle bien/ 1 min
5. Reposo 30-45 min, tapar bien
6. Corte de la cuajada, pedazos pequeños ½"
7. Calentar 38-40ºC (poco a poco) apro. 30 min. Mueva suave
8. Reposo 6-10 min.
9. Desuerar normal o utilizar paño a 25ºC
10. Moldeado, caliéntelo igual que los paños
11. Presione/10 min a 20 libras por kg
12. Voltee, presione a 30 libras por kg /10 min.
13. Repetir c/10 min. Aumentando la presión de 10 en 10 libras, llegando hasta 50 libras en 14-16 horas
14. Sacar el queso del molde, no romper superficie, deje secar 3-5 días y voltee frecuentemente
15. CURA Y ENCERADO. Derretir cera o parafina y dar un baño al queso ya estando seco
16. Usar un cepillo de pura celdas, cubriendo el queso completamente
17. Cure su queso a 20ºC/3 meses. Más tiempo mejor sabor

Nota: Las primeras 2 semanas se voltea el queso diariamente. Después de manera ocasional (cada 24 horas)

6.15. Elaboración de Queso Blando o Crema (leche de cabra, oveja o vaca o una mezcla de ellas)

Para empezar, debemos saber que hay un queso de la zona de la Provenza francesa que se denomina **Brousse**, es un queso fresco elaborado con suero de leche de oveja, de cabra o de vaca, aunque parece ser que el queso original se elaboraba con el suero resultante de la producción de queso de leche de cabra del Rove. Si es así, venía siendo como la actual forma de realizar la Ricota.

El queso Brousse du Rove es uno de los más apreciados, y quiere distinguirse de los demás quesos denominados brousse, cuyas características son muy variadas, hay productores de este tipo de queso fresco que elaboran un brousse cremoso, otros granulosos como un requesón... Son quesos que se consumen tanto en dulce como en salado, condimentados o acompañados con azúcar, miel, frutas, nata líquida... o con una vinagreta, con ajo picado, con hierbas aromáticas

La materia grasa que contiene este queso es de un 45%. Su historia se remonta hace unos 2000 años aproximadamente. Se cree que proviene del municipio de Rove, situado en la cadena montañosa de L`Estaque y Martigues (Francia). Allí los pastores criaban una raza caprina muy rústica, la Cabra del Rove que se alimenta preferentemente de romero, y con una cornamenta en forma de Hélice. No usar leche fría, dá al queso una textura como de hule. La leche para elaborar productos lácteos jamás se puede congelar o formar cristales.

La elaboración de este queso, comienza inmediatamente después del ordeño, se calienta la leche hasta alcanzar una temperatura de unos 82-85ºC.
A continuación, se añade una cantidad exacta de vinagre o ácido cítrico, e inmediatamente se observa cómo según dicen ellos hace un efecto "de nieve invertida". La leche empieza a formar copos o grumos, que suben a la superficie, La Brousse o la masa o cuajada, se va retirando, preferible con un colador de metal, para evitar que se pegue, y se introduce directamente en los moldes, de forma y tamaño, de su preferencia donde se dejará reposar. La consistencia del mismo va a depender del

procesado que usted le dé a la masa, que es blanda, y por su condición el contenido de suero dentro de esta será bajo, ya que esta alta temperatura provoca la salida del mismo en casi su totalidad, el rendimiento depende de la calidad de la leche, más que del proceso en sí.

Un galón da un rendimiento de más o menos 1.25 libras de queso (560 grs)

Procesamiento
1. Tomar 3.8 litros de leche calentar hasta 82 a 90ºC,
2. Agitar frecuentemente
3. Agregar ácido acético o cítrico agitar suave, hasta que se forme la cuajada
4. colectar con colador
5. Colocar en envases, moldeado al gusto, agregar especies, vegetales o verduras, etc., al gusto, o puede Cambiar de paño y dejar 2-3 días manteniendo la cadena de frio 4 a 7 ºC.
6. Consumir. Antes de los 30 días.

Nota: Debe mantenerse la leche en el fuego hasta que se forme la cuajada, e ir agregando poco a poco, el ácido, cuando se produzca la cuajada totalmente, se puede retirar del fuego y recolectar preferible con colador de metal.

Queso Crema elaborado por el autor. 2019.

Fuente: tomada por el autor. 2019. RD.

6.16. Elaboración de Queso Tipo Feta (leche de cabra, oveja o vaca o mezcla de ellas)

Las referencias más tempranas a la producción de queso en Grecia se remontan al siglo VIII a. C. y la tecnología utilizada para hacer queso a partir de leche de oveja o cabra, como se describe en la *Odisea* de *Homero* relacionada con el contenido de la cueva de Polifemo , [9] es similar a La tecnología utilizada hoy por los pastores griegos para producir feta. [10] [11] El queso elaborado con leche de oveja o de cabra era un alimento común en la antigua Grecia y un componente integral de la gastronomía griega posterior. [10] El queso feta, específicamente, se registra por primera vez en el Imperio Bizantino (*Poem on Medicine* 1.209) bajo el nombre de *prósphatos* (en griego: πρόσφατος, "reciente" o "fresco"), y fue producido por los cretenses y los Valacos de Tesalia. . [8] A finales del siglo XV, un visitante italiano de Candia , Pietro Casola, describe la comercialización de feta, así como su almacenamiento en salmuera. https://en.wikipedia.org/wiki/Feta

Procesamiento

1. Tomar 3.8 litros de leche 30ºC (pasterizada)
2. Agregar 2 onzas (1/4 tazas) leche ácida de cabra, oveja o vaca
3. Agitar y resposar/ 1 hora a 30ºC
4. Agregar cuajo diluido en agua fría, según dosis del fabricante
5. Agitar suave/ 2-3 min.
6. Reposar / 1 hora a 30ºC
7. Corte de la cuajada a 0.5 pulgadas de tamaño
8. Reposar/10 min.
9. Agitar 20 min, suavemente.
10. Colocar en un paño o recoger con colador/ prensar/4 horas
11. Desmenuzar la cuajada Agregar sal 1 o al 3%, o al gusto
12. Madurar por 2-3 días.

Nota: Se puede llevar la masa a salmuera y madurar unos 30 días a refrigeración. Preparación salmuera: 1/3 taza de Sal en ½ galón de agua fría.

6.17. Elaboración de Queso Blando Liliana o Queso Low in Fat (Leche de Vaca, oveja o Cabra)

Si no cuenta con una descremadora, el descremado se puede realizar luego de pasteurizar la leche y dejarla reposar o enfriar en la nevera alrededor de 6 a 24 horas, la nata o crema puede ser recolectada en la superficie de la vasija o tina, recoléctela con cucharon suavemente, poco a poco, la cantidad que usted considere. Por diferencia de peso, si es que antes puede pesar el volumen total de leche, puede suponer la cantidad de nata o grasa retirada, y expresarlo en porcentaje de grasa que contiene su leche y posiblemente el queso que elaborará. Si va a comercializar este queso, va a requerir de estandarizar el contenido de grasa, para cumplir con la normativa nacional vigente, como es lo correcto.

Procesamiento

1. Leche 72 a 75ºC/ pasteurizar por 15 min. O 63ºC/30 min.
2. Enfriar a 34 o 42ºC
3. Adición sal molida limpia a razón de 1,000-1,500 g / 100 kg de leche
4. Adicionar CaCl2, 20g/100kg de leche
5. Adicionar cuajo, 3.0 g/100 kg leche o según dosis del fabricante
6. A los 40 min/ corte con liras de 2cm
7. Reposo 5 min.
8. A los 50 min. Primera agitación, muy suave/ 15 min.
9. 1: 05 min. Segunda agitación, suave 15-20 min.
10. 1:20 min. Drenaje y la cuajada se apilan a los lados de la tina
11. 1:40. Llenado de los moldes
12. 1:50. Primer volteo reposo en cámara frías 4-7ºC
13. 3:20 Segundo volteado
14. Día siguiente envasado y consumo.

6.18. Elaboración de Queso Tipo Chanco Artesanal (Leche de Vaca, oveja o cabra o una mezcla de ellas)

El queso Chanco típico chileno, recientemente normalizado, es uno de los quesos tradicionalmente que más se consume en Chile, debido principalmente a sus características sensoriales, las que se deben en gran medida a su relativo alto contenido graso, aunque dichos atributos también tienen relación con la humedad del producto y el nivel de degradación bioquímica de sus macroconstituyentes que ocurre durante su período de maduración que debe ser por lo menos de 21 días.

El queso se obtiene con leche entera y pasteurizada de vaca y coagulación enzimática, de pasta semi-dura, mantecosa, textura firme y flexible. De suave sabor levemente ácido, con corteza de color amarillo trigo. Presenta abundantes ojos irregulares distribuidos en la masa del queso. Actualmente se fabrica en distintos formatos, pero tradicionalmente eran rectangulares o cuadrados con un peso de 0,7 a 2 kg.

Existen variedades como Queso Chanco, con leche de cabra y las variedades con pimienta roja molida y orégano. http://www.mundoquesos.com/2014/03/queso-chanco.html

Procesamiento

1. Leche 100 lt. 32ºC (leche pasteurizada)
2. Calcio 20 gr, Nitrato 20 gr, Cultivo láctico 1% (yogurt) 60 min.
3. Adición cuajo 5 gr/ 30 min.
4. Corte con lira de 1 cm
5. Reposo/ 5 min.
6. Primera agitación/ 15 min
7. Desuerado 30 litros
8. Agitación intermedia/ 15 min.
9. Calentamiento
10. Agua caliente 20 litros
11. Temperatura final 36ºC
12. Agitación final / 30 min
13. Desuerado total/ 5 min
14. Sal 200g
15. Amasado 10 min
16. Moldeado / 5 min
17. Primer prensado 100 kg/ 30 min
18. volteo
19. Segundo prensado 300 kg/ toda la noche
20. Maduración/ 14-16ºc, HR 85-90%

6.19. Elaboración de queso Tipo Camembert

El Camembert, es uno de los quesos más famosos del mundo, y es originario del País de Auge en Normandía. Su forma es cilindro con los lados rectos, los bordes limpios, de caras planas y paralelas ni hundidas ni abombadas, presenta una corteza bastante delgada y florida de un fino plumón blanco, que muestra a veces una pigmentación roja. En la parte más tierna, la pasta de color amarillo crema puede tener algunas ligeras brechas; flexible, recupera su forma después de presionar con los dedos. Posee pues una textura no fluida. En el corazón - parte no afinada - una laminación refleja la huella de su moldeo específico. En boca, la textura no debe ser ni demasiado fundente ni demasiado pegajosa. La leyenda atribuye su invención a Marie Harel, de la población de Camembert, en el siglo XVIII.

Lo especial de este queso es que se añaden las esporas de los mohos (*Penicillium candidum*, o *P. camembertii*).

La agitación para este queso se realiza en dos etapas; en una primera se agita suavemente la cuajada ya troceada durante unos 15-30 minutos, hasta obtener un tamaño de grano homogéneo, y una segunda etapa de unos 30-45 minutos hasta alcanzar la consistencia y elasticidad propias de esta variedad.

El desuerado se separa el suero de la cuajada, extrayendo aproximadamente el 50% del contenido en la cuba de cuajado.

Para el moldeado se llenan los moldes cilíndricos, introduciendo la masa de la cuajada de una vez, evitando su manipulación excesiva. La masa se deja reposar en los moldes, desuerando por gravedad, durante varias horas. A medida que la cuajada se va acidificando y presentando una textura flexible y de consistencia media, los quesos se van volteando cada cierto tiempo en función del pH (4-6 veces), desmoldeándose a las 24 horas, y colocándose sobre rejillas. Durante esta etapa la temperatura desciende desde los 34º C iniciales hasta los 16-18º C.

Para el salado se practica la inmersión en una salmuera de concentración media (16-20%) durante el tiempo necesario (60-90 minutos), y temperatura de 12-15º C. A la salida de la salmuera, los quesos industriales se inoculan con mohos de *Penicillium* mediante la pulverización de esporas sobre la superficie o corteza, primero por una cara, dejándose reposar durante 20-40 minutos, y luego, se voltean y se pulverizan por la otra cara.

La maduración se realiza en dos fase: en una primera fase los quesos se orean en el secadero a una temperatura entre 12 y 14 ºC y humedad relativa del 70-80% durante 24-48 horas, y en una segunda fase se eleva la humedad relativa hasta el 90-95%, para favorecer el crecimiento de los mohos (aparecen a partir de los 5-6 días); el tiempo total en la cámara de maduración suele ser de 8-12 días, volteándose los quesos 2-3 veces.

Conservación y almacenamiento: los quesos ya madurados se almacenan a una temperatura de 3-4º C durante 3-5 semanas, hasta el momento de la comercialización.

Procesamiento

1. Leche pasteurizada estandarizada
2. Agregar cultivo láctico al 2%
3. Enfriar a 30-35ºC, pH 6.1
4. Solidos totales 36%, Proteínas 15%, Grasa 15% y pH 5,6
5. Agregar Penicilium candidum
6. Agregar cuajo, a dosis del fabricante
7. Desuerar 10% del peso de la cuajada
8. Moldear
9. Volteo de moldes
10. Salazón (30-45 min.)
11. Maduración/ 11 días
12. Almacenar a

6.20. Elaboración de queso Tipo Edam

Edam es un queso semiduro de color amarillo pálido, elaborado con leche de vaca y **con un sabor ligeramente amargo y ligeramente salado**. Su su origen está en la pequeña ciudad de Edam, a poca distancia de Amsterdam. Tradicionalmente se hace en forma de bola y **su cáscara está teñida de carmín** y envuelta en parafina. Se parece al Gouda pero con menos grasa, de pasta compacta, color amarillento y sabor no demasiado fuerte,

Procesamiento

1. Leche pasteurizada estandarizada 500 libras 31ºC
2. Agregar cultivo 5 libras/ 10 min
3. Agitación/ 15 min
4. Cloruro de calcio 100 g/ 35 min, Antigás 100g/ 37 min, Colorantes / 20 ml/ 38 min
5. Agregar cuajo/ 40 min., Agitar / 43 min
6. Reposo 45 min
7. Corte 1:25min
8. Reposo 1:35 min
9. Agitación lenta 1:40 min
10. Desuerado parcial 1/3, 2:00
11. Agitación y calentamiento con agua caliente (70ºC)/ 50 litros
12. Agitación rápida / 2:20 min
13. Desuerado/ 3:00
14. Pre-prensado (Tina)/ 3:05 min
15. Desuerado total / 3:25 min
16. Moldeo/ 3:30 min
17. Primer prensado/ 3:50 min
18. Volteado y 2do prensado/ 18 horas
19. Almacenamiento 21:20 horas
20. Salado (48 horas)/ 45:50 min
21. Almacenamiento / 93:50 min
22. Maduración (4 semanas)

Puente: google.com. 2019

6.21. Elaboración de queso Tipo Cheddar

El queso Cheddar se considera como un lácteo de sabor ácido que varía de suave a intenso, y de cremoso a seco, según su edad o tiempo de maduración. En su origen se elabora con leche pasteurizada de vaca de la raza Holstein Frisona originalmente en Somerset.   Muy conocido internacionalmente no tiene denominación de origen protegida, nace en la localidad inglesa con el mismo nombre en el Condado de Somerset y es uno de los quesos más conocidos tanto del Reino Unido como del mundo. Gracias a Daniel Defoe (autor de la novela Robinson Crusoe), en 1724 visitó las colinas de Mendip en Inglaterra y le fascinó tanto este lugar que escribió un capítulo entero en su obra A tour of the Islands of Great Britain, haciendo mención del pueblo de Cheddar y a su famoso queso.   Su nombre viene también por su forma única de elaboración gracias al proceso conocido como cheddaring o cheddarización, consistente en cortar en cubos el cuajo después de ser calentado para así drenar el suero sobrante. A estos cubos se les da la vuelta y se van amontonando entre ellos.

http://elportaldelchacinado.com/queso-cheddar/

Procesamiento

1. Leche pasteurizada estandarizada 3.5% MG
2. Leche pasteurizada 72ºC/ 15 seg
3. Calentar la leche 31ºC
4. Cultivo lácteo mesófilo 1%
5. Cloruro de calcio 18 ml
6. Antibut 13-20gr, Colorante 3 ml, o según el gusto del mercado
7. Cuajo diluido en agua/ 20 ml
8. Reposo 30-40 min
9. Corte de cuajada
10. Reposo 5 min
11. Batido 15 min
12. Desuerar 20%
13. Cocción (subir temp. A 38ºC)/ 45 min
14. Batido final 25 min
15. Desuerado
16. Cortar la cuajada con un cuchillo
17. Volteo cada 15 min
18. Controlar la consistencia con plancha caliente y la acidez 45-50º D.
19. Cortar los bloques en trocitos ½ a ¼ pulgada

6.22.   Queso Duro procesamiento general

Los quesos duros que encontramos en el mercado, varían dependiendo de la forma de preparación, de la técnica utilizada y del tipo de leche empleada. El término "duro" se refiere a la presión que han sido sometidos para lograr que se formen de manera compacta. Los quesos duros en general llevan una corteza gruesa, un color amarillento y un aroma intenso y fuerte, al igual que su sabor. Uno de los quesos duros, mas famosos del mundo es el Palmesano, que es utilizado, en casi todo los tipos de pasta, pizzas, y rayado, gusta con cualquier alimento.

Procedimiento

1. Leche pasteurizada
2. Se toman 22.7 litros
3. Se deja la leche toda la noche en una holla
4. Se retira la nata y se calienta hasta 40°C y se agrega de nuevo a la leche, homogenizar
5. Se calienta la leche hasta 42°C
6. Se agrega cuajo con agua fría, según dosis del fabricante
7. Mezclar bien y suave/ 5-10 min
8. Se remueve la superficie suave, esto evita que la nata suva/ 5 min
9. Reposo 45-50 min.
10. Corte de la cuajada con lira de una pulgada
11. Se escalda la cuajada hasta 38°C (calentamiento suave, esto se puede hacer calentando suero y verterlo de nuevo a la cuajada)
12. Salar 28g/ cada 1.8kg de cuajada
13. Moldeado
14. Presione de 9 a 13.6 kg/ las primeras 6 horas.
15. Saque el queso y cambie de paño húmedo con agua caliente, molde de nuevo
16. Presione con 25.4 kg/ 24 horas.
17. Retirelo y voltee, presionango de nuevo/24 horas
18. Presiones ahora con 500 libras/2 días
19. Saque del molde
20. Esmáltelo (untar con harina) con harina y agua, y envuélvalo en paño o en una gasa estéril.
21. Almacenar a 13-16°C
22. De vuelta a diario/ 1 semana
23. Después 2 veces/ semana durante 2 meses. Envejecer según mercado

6.23.   Queso Tipo Sliton

El queso Stilton es uno de los quesos británicos más famosos. Se destaca siendo el único queso británico que cuenta con Certificación de Marca Registrada y un nombre protegido en la Unión Europea.   El tiempo mínimo de maduración es de tres meses. Luego de transcurrido ese tiempo ya se encuentra apto para ser comercializado. Se lo identifica fácilmente por la presencia de "venas" azules que irradian de forma regular desde el centro hacia la superficie. Dichas "venas" contrastan con el color marfil de su pasta semidura.   https://lacasadelqueso.com.ar/queso-stilton/

Procedimiento

1. Leche pasteurizada 72ºC/15 min
2. Tomar 68 litros de leche y calentar hasta 30ºC
3. Añadir cuajo diluido en 0.3 litros de agua fría(1 una cucharada /22.7 litros de leche)
4. Reposar por 1.5 horas
5. Sin cortar se vacia el suero, o se cuela en paños, evitando que se deshaga del todo
6. Poner en cada paño 15.9 litros de requesón
7. Se deja con esta cantidad/ 1 hora
8. Desuerar completamente en ½ hora
9. Si esta firme la cuajada, se elimina el suero restante
10. Exprima con los paños, fuerte y varias veces
11. Se cortan los cubos de unos 7.6 cm
12. Verificar acidez (0.14-0.15%)
13. Dividir el requesón en trocitos y salar (28gr de sal/ 1.4kg de requesón)
14. Moldear 19ºC
15. Se retira el suero y se revuelve dos veces las primeras dos horas y una vez al día/7 días.
16. Retirar el queso del molde, con un cuchillo se deja la superficie lisa.
17. Retirar de nuevo del molde
18. Se pone en paño y se moldea de nuevo/3 días a 16ºC
19. Sacar de nuevo y dejar sin paños/ 1 días
20. Llevar a madurar/4 meses/ 16ºC, con poca ventilación y baja humedad.
21. El queso se perfora con agujas de cobre para que lo invada el Penicilio.

Queso Tipo Sliton

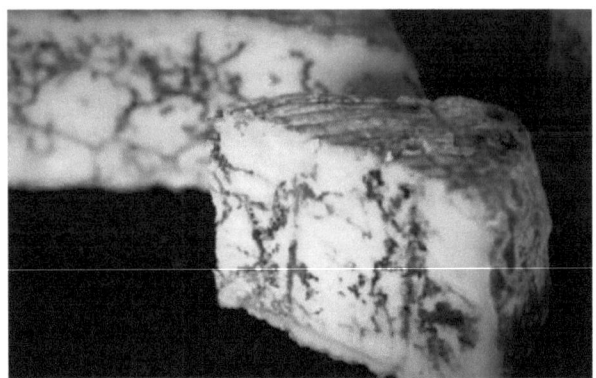

Fuente: google.com. 2019

6.24. Elaboración de queso de Hojas o Tipo Mozzarella

El queso Mozzarella, es un q**ueso fresco que se elabora a partir de leche de búfalos** que pastan en manada en muy pocos países, como Italia y Bulgaria. Como resultado, la mayoría de los quesos mozzarella disponibles ahora están elaborados con leche de vaca. Se consume fresco y dentro de pocas horas después de que se hizo, por lo que n**o envejece como ocurre con otros quesos.** Es fácil de hacer en casa y puede usarse en muchas recetas de ensaladas, carnes, mariscos y vegetales.

En República Dominicana, es llamado queso e hojas por las capas de masas que se forman debido a la forma de su elaboración, de sobreponer una capa de masa sobre otra por la vueltas y vueltas que lleva su elaboración. Es uno de los más vendidos, y claro de los más apetecidos por los consumidores, tanto para comer directamente, preparar platos, tostadas, sandwis, etc. Este se obtiene a partir del queso de freír o requesón, esta masa se fermenta hasta que obtenga una consistencia elástica (que se estire), esta fermentación se realiza dejando la masa cubierta y a unos 35 a 37 °C, para promover el crecimiento bacteriano.

Si la leche cumple con los requisitos sanitarios del país, y se garantiza su inocuidad y que esta libre de las principales zoonosis, porque el ganado de donde proviene esta saneado y avalado por un veterinario oficial, este queso se puede elaborar a partir de esta leche y a temperatura de 37ºC, es decir sin pasteurizar. De lo contrario se debe pasteurizar y para lograr la textura deseada y el estiramiento incorporar cultivos lácticos adecuados y agregar cloruro de calcio.

Procedimiento

1. 100 litros de leche/ 37ºC (o pasteruirzada a 75 ºC)
2. Adicionar cultivo lácticos
3. Agregar cuajo (diluido en agua fría más sal) según dosis recomendada por el fabricante.
4. Reposar
5. Corte de la cuajada
6. Agitar por 15-20 min.
7. Desuerar
8. Recolectar la cuajada y llevar a fermentación

Existen dos formas de preparar este queso, ver la descripción siguientes: Para comprobar la fermentación adecuada, se toma un pedazo de la cuajada, y se introduce en agua caliente a si esta estira lo suficiente sin romperse, esta lista para ser procesada. Se calienta agua o el mismo suero hasta 85 a 90 ºC, y se sumerge la masa en pedazos o porciones adecuadas para su fácil manejo, a la que se le va dando movimientos y vueltas sobre poniendo las masas, esto puede hacerse con las manos, el que tolere altas temperatura o con dos palas o cucharas grandes, esto se hace hasta que la consistencias de esta masa sea firme y sin que pierda la textura lisa y suave.

Fuente: foto tomada por el autor. 2019

Otra forma de manejar la cuajada es llevarla a una tina o cardero, calentando hasta aproximadamente 53 a 55ºC, manteniéndola durante el proceso de fundido, agitando constantemente con pala. Cuando el queso empiece a fundir se le agregara sal al gusto o a la cantidad de un 1 a 2%, agitándose hasta incorporarla completamente a la masa. Una vez que el queso se fundió y no suelta más suero, se procede a enfriarlo, se puede sumergir en agua helada o hielo. Se procede a estirándolo sobre una mesa con superficie adecuada grado alimenticio o de acero inoxidable, se forman tiras de aproximadamente 5 cm de ancho. Una vez que las tiras se enfriaron (aproximadamente 1 hora), se volteó una sola ocasión y así se logró enfriar por ambos lados, para su preservación por largo tiempo, o evitar crecimiento bacteriano, se puede aplicar anti-fúngico por aspersión (solicítelo a su empresa de insumo lácteo).

Formación de bloques o bolas- Después se procedió a hacer bolas de una libra hasta un kilo, para su venta y distribución. Se recomienda mantenerla en solución o suero para evitar resequedad o en la envoltura agregar un poco. El empaque debe ser grado alimentario y refrigerar.

9. Elaboración de Yogurt

El Yogurt es simplemente leche fermentada, es un subproducto lácteo, con un rico aroma y sabor, que sea convertido en una de las bebidas más famosa del mundo, y es parte de la dieta de casi todas las personas que consumen lácteos.

Ya en tiempos bíblicos se encuentran referencias sobre la leche que había sufrido fermentación por acción bacteriana, la cual era considerada más sana y digestiva que la leche normal, e incluso medicinal.

Este alimento milenario tiene sus orígenes en las regiones asiáticas y su consumo se ha extendido por todo el mundo. Se conoce bajo diversas denominaciones tales como: Leben, en Egipto y Arabia, Mazin en Armenia, Naja en Bulgaria y Dahi en la India.

El yogurt, es el producto lácteo coagulado obtenido por fermentación láctica mediante la acción de *Lactobacillus bulgaricus* y *Streptococcus thermophilus*, a partir de leche pasteurizada entera, parcialmente descremada o descremada, leche en polvo entera, parcialmente descremada o descremada o una mezcla de estos productos.

Sabroso Yogurt con sumo de mangos criollos de Luperón, Puerto Plata

10.1. Aditivos que se adicionan:

a) Ingredientes aromatizantes naturales: frutas (fresca, en conserva, congelada, en polvo, puré, pulpa, jugo o sumo), miel, chocolate, cacao en crema o en pedazos, nueces, café, especias y otros aromatizantes autorizados.

b) Azúcar y/o edulcorantes autorizados de acuerdo a lo señalado en el reglamento sanitario de los alimentos de cada país.

c) Aditivos alimentarios autorizados: aromatizantes, colorantes, estabilizantes y como preservante ácido sórbico y sus sales de sodio y potasio, cuya dosis máxima será de 500mg/kg expresada como lácticos presentes en el producto final deberán ser viables y en cantidad superior a 100,000 UFC/g; es la norma para que se pueda considerar un verdadero yogurt.

FOTOS CON YOGURT MEZCLADO CON VARIOS PRODUCTOS

El proceso de elaboración del yoghurt es un arte muy antiguo que data de hace miles de años, siendo posiblemente anterior a la domesticación de vacas, ovejas y cabras, pero hasta el siglo XIX apenas se conocían los fundamentos de las distintas fases de la producción. La supervivencia de este proceso a lo largo de los años puede atribuirse a que la producción se efectuaba a muy pequeña escala, por lo que el -arte- era transmitido de generación en generación. No obstante, en las últimas décadas este proceso se ha racionalizado mucho, principalmente debido a los descubrimientos y avances en diversas disciplinas, como por ejemplo, microbiología y enzimología, física e ingeniería y química y bioquímica pero incluso con la actual tecnología industrial, el proceso de elaboración continúa siendo una compleja combinación de -ciencia -y -arte-.

Este es leche fermentada gracias a la acción conjugada de *Lactobacillus bulgaricus* y *Streptococus thermophilus* . Una vez pasteurizada la leche, se siembra y se incuba durante algunas horas a 45ºC. Esta fermentación desarrolla actividad lactásica, una hidrólisis parcial de la lactosa con formación de glucosa y galactosa libres y una acidez Dornic de 80 a 100º D, provocando la coagulación de la caseína. El gusto característico del yoghurt se debe principalmente al acetaldehído y, en segundo lugar, al diacetilo y a la presencia de una lactasa microbiana en el yoghurt hace que sea más fácil de aceptar por las personas con deficiencia en lactasa intestinal. esta ventaja desaparece cuando ha sufrido un tratamiento térmico de esterilización.

En cuanto sus componentes este contiene los mismos de la leche, excepto los glúcidos, entre los cuales se encuentran 2 ó 3 g de lactosa, de 1,0 a 2,5 g de galactosa, algo de glucosa, galactitol y diversos sacáridos provenientes de las actividades enzimáticas de las cepas utilizadas. Su pH es aproximadamente 4.

El ácido láctico sólo existe como indicios en la leche fresca, con un porcentaje medio de 30 mg/ l. Es, ante todo, el resultado de la fermentación láctica, y, según veremos más adelante, dentro de la industria láctea puede presentar un carácter beneficioso o perjudicial.

Las bacterias ácido-lácticas se han empleado para fermentar o crear cultivos de alimentos durante al menos 4 milenios. Su uso más corriente se ha aplicado en todo el mundo a los productos lácteos fermentados, como el Yoghurt, el queso, la mantequilla, la crema de leche, y otros como el Kefir y el Koumiss.

Las bacterias ácido-lácticas constituyen un vasto conjunto de microorganismos benignos, dotados de propiedades similares, que fabrican ácido láctico como producto final del proceso de fermentación. Se encuentran en grandes cantidades en la naturaleza, así como en nuestro aparato digestivo. Aunque se las conoce sobre todo por su labor de fermentación de productos lácteos, se emplean asimismo para encurtir vegetales en la horneado, en la panificación del vino, y para curar pescado, carne y embutidos.

Las repetidas siembras del cultivo estarter tienden a estabilizar la relación entre Streptococcus thermophilus y Lactobacillus bulgaricus o pueden dar lugar a mutaciones hacia la 15-20ª generación; la baja temperatua de incubación, temperatura ambiente, determina una lenta acidificación de la leche (18 horas o más) en comparación con las 2,5 a 3 horas en las que este proceso tiene lugar en condiciones óptimas a temperatura de 40-45ºC.

La lenta acidificación puede tener efectos secundarios no deseables.
El catabolismo de la lactosa por *S. thermophilus* y *L. bulgaricus* determina principalmente la producción de ácido láctico y, aunque el proceso comprende muchas reacciones bioquímicas, puede simplificarse en la siguiente ecuación.

Lactosa + Agua ⟶ Acido Láctico.

La importancia del ácido láctico en la elaboración del yoghurt se debe a las siguientes razones: en primer lugar contribuye a la desestabilización de las micelas de caseína mediante el paso de fosfato y de calcio de un estado coloidal a una forma soluble, que difunde en la fracción acuosa de la leche, lo que determina una progresiva deplección de calcio de las micelas que conduce a la precipitación de la caseína a valores de pH de 4,2-4,7, dando lugar a la formación del gel que constituye el Yoghurt. Alais, C. (1985).

10.2. Proceso de Elaboración del Yogurt

Su elaboración deriva de la simbiosis entre dos bacterias, la *Streptococcus thermophilus* y *Lactobacillus bulgaricus,* cada una de esta estimula el desarrollo de la otra. Esta interacción reduce considerablemente el tiempo de fermentación y el producto resultante tiene peculiaridades que le distinguen de los fermentados mediante una sola cepa de bacteria.

El yoghurt es un producto semi-sólido de la fermentación de la leche que se obtiene mezclando cultivos de *Streptococcus thermophilus* y *Lactobacillus bulgaricus.* ambas bacterias fermentan la lactosa para producir ácido láctico y crece bien a 39-47°C. La leche es pasteurizada o esterilizada previo al agregado del cultivo bacteriano para remover los organismos competidores peligrosos, y puede ser tratada con calor luego de la fermentación para destruir el remanente de los microorganismos y para prolongar su vida en el mercado. Otras bacterias productoras de ácido láctico del género *Lactobacillus* y *Bifidobacterium* son iniciadores alternativos de los cultivos. El cultivo iniciador debe encontrarse libre de microorganismos, y especialmente patógenos tales como salmonella y listeria que podrían crecer durante el período de fermentación. Los residuos de antibióticos en la leche van a inhibir el crecimiento del cultivo iniciador. Instituto Babcock.2011.

Streptococcus thermophiles   *Lactobacillus bulgaricus*

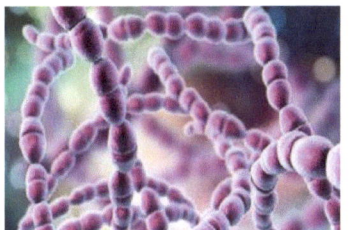
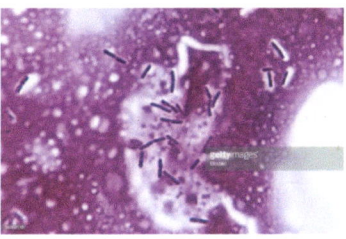

Fuente: google.com. 2019

Teoría sobre la simbiosis, la asociación durante el crecimiento de los dos microorganismos presentes en los cultivos estárter del yoghurt (*S. thermophilus* y *L. bulgaricus*) se conoce como simbiosis y ha sido indicada por muchos autores, figurando las primeras referencias de la misma en los trabajos de Orla-Jensen. Pette y Lolkem en la década de los 50´. Observaron que la tasa de producción de ácido láctico era mayor cuando se utilizaban cultivos mixtos de *S. thermophilus* y *L. bulgaricus* que cuando se utilizaban cepas puras de cualquiera de los microorganismos. Además, se observó que el número de S. thermophilus, determinado por el método de Breed, era muy superior en el cultivos mixtos que en cultivos puros, si bien no se observaban estas diferencia numéricas en el caso de *L. bulgaricus*. Esta observación no es cierta en lo que respecta a *L. bulgaricus*, de acuerdo con Tamime (1977). Estos hechos llevaron a Pette y Lokema en los 50´a postular que la interacción entre estos dos microorganismos se debía principalmente a la producción de valina por L. bulgaricus.

Sin embargo, debido a las variaciones de la composición química de la leche durante el año, esta puede ser deficitaria en algunos otros aminoácidos, por lo que Pette y Lolkema, sugirieron que durante la primavera S. thermophilus requiere los aminoácidos siguientes: leucina, lisina, cisteína, ácido aspártico, histidina y valina, mientras que durante el otoñó e invierno los aminoácidos requeridos son: glicina, isoleucina, tirosina ácido glutámico y metionina, además de los seis mencionados anteriormente. Tamime y Robinson. (1991)

Hace unos años lo común eran los cultivos líquidos, obtenidos por resiembra. Donde se tenía el yoghurt madre del cual se elaboraba el yoghurt.

Hoy por muchas razones se utilizan los cultivos deshidratados o liofilizados. Que de por sí son más seguros, duran hasta 6 meses a temperatura de 18 a 21ºC; y ofrecen un mejor manejo y confianza.

10.3. Diferentes Recetas de Yogurt

10.4. Elaboración de Yogurt

1. 20 litros de Leche, Pasteurizar
2. Enfriar hasta 45-42ºC/ 45 min
3. Agregar 2 cucharadas de Yogurt grande, o cultivo láctico al 1%
4. Batir suave/ 1 min.
5. Cambie de recipiente y cubra dejando ventilar
6. Cubra con paño y evite corrientes de aire
7. Incubar 4-8 horas a 42ºC
8. Agregar azucar, frutas, miel, etc,
9. Refrigerar y Consumir
10. Conservar por 7-14 días a 6ºC

10.5. Elaboración de Yogurt Sabroso

1. 1000 L de Leche / 90ºC/ 30 minutos
2. Precalentamiento y adicción leche en polvo (10%) a 60ºC/15seg
3. Homogenización 200 kg / cm2
4. Pasteurización 85ºC/30 min
5. Enfriamiento hasta 45ºC
6. Adición cultivo 2,5% liofilizado
7. Incubar 3 a 6 horas/ 42-45ºC, pH ideal 4,5
8. Adición de Frutas, sabores, etc.
9. Envasado
10. Refrigerar a 6ºC/ conservar por 7-14 días (vida útil)

10.6. Elaboración de Yogurt Rustico

1. 10 Litro de leche pasteurizada
2. Enfriar hasta 37-42ºC/ 45 min
3. Agregar 2 cucharadas de yogurt grande fresco. Puede agregar frutas.
4. Batir suave/ 1 min
5. Tapar y mantener a 42ºC por 4 a 8 horas
6. Cuando halla espesado, estará listo para consumir.
7. Cada día se puede retirar y agregar igual cantidad de leche fresca para mantener la producción.
8. Refrigerar a 6ºC/ 7-14 días.

Entiéndase por este término que es el yogurt, preparado, sin muchos requisitos tecnológicos, no queriendo decir que se han descuidado los principios y recomendaciones higienico-saniarias que se debe llevar antes, durante y después de elaborado dicho producto lácteo. Esto nunca se pasa por alto este libro, siempre se debe garantizar la inocuidad de los productos para mantener la salud de los consumidores finales.

10.7. Dulce de leche

La leche que se cocina despacio mientras que se agita, eventualmente evaporará agua formando una pasta amarronada y dulce. El tratamiento con calor destruye las bacterias patógenas y el producto posee buenas características de mantenimiento. Tal producto fabricado a nivel casero es conocido en muchas partes del mundo y es conocido por el nombre de Arequipe en América latina o khoa en India. Instituto Babcock.2011

Este proceso, conlleva la aplicación autorizada de sustancias gelificantes, estabilizantes y espesantes en cantidad de hasta un 2% p/p. El contenido de grasa puede ser de hasta un 11%.

Si trata de dulce de leche combinado con otros ingredientes, el porcentaje menor permitido para considerarse dulce de leche es de un 70% de leche y no menos de un 10% del ingrediente agregado.

Se puede agregar vainilla al gusto del consumidor o Cacao (dulce de leche con chocolate): se utilizan entre 5 y 10 gr/litro de leche.

Para reducir la acidez de 18°a 13°D en 100 litros de leche necesitamos agregar 49.57 g de bicarbonato de sodio.

Para neutralizar 90 g de ácido láctico se necesitan 84 g de bicarbonato de sodio, estos datos permiten calcular a través de una regla de tres, la cantidad de bicarbonato de sodio a utilizar cuando tenemos cierta acidez en la leche. Por ejemplo: si tenemos 90 g de Ac. Láctico, necesitamos 84 g de bicarbonato, en cambio sí tenemos 50 g Ac. Láctico la cantidad será: x =46.6 g de bicarbonato sodio.

10.8. Composición y cantidades recomendada de los principales ingredientes

Leche	80	kg
Sacarosa	12.20	kg
Glucosa	4.20	kg
Conservante	0.0216	kg
Neutralizante	0.04	kg

Pasos principales para la elaboración del dulce de leche: Preparación de la mezcla, Concentración por evaporación en paila, Agregado de jarabe de glucosa, Enfriamiento (adicción de vainilla y conservantes), Homogenización Envasado del producto final.

Para la preparación del dulce de leche cortada, solo es necesario poner a hervir la leche, concentrarlo hasta un 60% agregar: canela y malagueta al gusto, poco a poco y moviendo, 5 a 10 ml de ácido cítrico por cada 10 litros de leche, azúcar hasta un 5 a 10%, dejar hervir y concentrar hasta que se caramelice totalmente, el contenido liquido debe ser alrededor un 10%, enfriar y servir. La cascara de un limón le incorpora un sabor especial. Receta de mi madre Inés Bartolina Vicioso Valdez.

Receta básica según FAO. Leche fresca 50 litros, Azúcar 9.5 Kg. Aporta los sólidos solubles que ayudan a concentrar el producto. Glucosa comercial 0.4 Kg. Mejora la viscosidad y previene la cristalización. Bicarbonato de sodio 23 g. Neutraliza acidez de la leche. Almidón 250 g. Mejora la consistencia y reduce tamaño de los cristales.

10. Recomendaciones:

Basados en la definición de Yogurt tomada del Reglamento Sanitario Chileno (Versión 2000), y en los que dice respecto a la acidez de este producto y al contenido de microorganismos lácticos presentes en el producto final deberán ser viables y en cantidad superior a 10^5 ufc /g de yogurt. R.S.C. (2000) Artículo 220.

La regulación de la elaboración de alimentos, en todos los países es un factor fundamental, para mejorar y proteger la salud de los consumidores. Considerando también que esto mejora la confianza en los diferentes mercados, tanto nacional o internacional. Las empresas que ofrecen productos con calidad e inocuidad, son las que permanecerán en la preferencia de los clientes. Las autoridades, deben por tanto, fiscalizar y auditar para que se cumplan estas normativas, valorando, con incentivo, a las empresas que cumplan, ya que la valoración al desempeño, mejora la calidad de los productos y los servicios. La competencia favorece la calidad.

Consejos:

- Mejorar el ambiente en la sala de elaboración
- Establecer o Regular las prácticas de análisis de laboratorio
- Mejorar la práctica de envasado.
- La higiene de los equipos debe ser más eficiente; tarros, estanques y dosificador.
- La capacitación de los empleados es vitar para desarrollar las empresas
- La salud de los empleados es un valor agregado a la empresa
- Establecer un programa de implementación de buenas prácticas de manejo, higiene, registros y control de plagas, son vitales para asegurar la calidad e inocuidad del o los productos.

11.   BIBLIOGRAFÍA

1. Cátedra de Higiene veterinaria de los alimentos. Facultad de ciencias veterinarias. Universidad de Chile. 2002
2. Adrian, J. Y Frangne, R. La ciencia de los alimentos de la A a la Z. Editorial Acribia, S. A., Zaragoza, España. 1990
3. Pasilac. Tecnología de la Industria Lechera. 1985.
4. Reglamento sanitario de los alimentos de Chile. 1994
5. Dubach, José. El ABC para la quesería rural del Ecuador.1986
6. Cátedra Recibida en la Universidad Austral de Chile. 2000
7. Cátedra Recibida en la Universidad de Chile, Facultad de Veterinaria. 2001.
8. FAO.1985. Manual de Cultivos Lácticos y Productos Fermentados. 320 p.
9. OMS Y FAO. 1992. Utilización de los principios del HACCP.32p
   Porter, J. W. 1981. Leche y Productos Lácteos. Ed. Acribia.Zaragoza, España. 150 p.
10. Reglamento Sanitario de los Alimentos Chileno.2000.Decreto Supremo 1992-97. 102.p.
11. Schöbitz, Renate.2000.Guía de Trabajo Prácticos Laboratorio de Microbiología de la Leche.
12. Tamime, A. y Robinson, R. 1985. Yoghurt Science and Technology. Pergamon Press. Oxford. N.Y. Toronto. 431.p

Paginas y documentos consultadas

13. Leche y productos lácteos. Codesx Alimentarius .
    http://www.fao.org/3/a-i2085s.pdf
14. Mecanismo de producción de la leche en la vaca.
    http://www.ugrj.org.mx/index2.php?option=com_content&do_pdf=1&id=277
15. La sal en el queso. http://www.mag.go.cr/rev_meso/v28n01_303.pdf
16. http://200.62.146.19/BVRevistas/ciencia/v13_n1/pdf/a08v13n1.pdf
17. http://www.infoalimentacion.com/documentos/valor_nutritivo_leche_y_otros_productos_lacteos.asp
18. Origen de la vaca Holstin. https://www.ganaderia.com/raza/Holstein
19. http://www.sanutricion.org.ar/files/upload/files/lacteos_y_derivados.pdf
20. https://www.fitnessrevolucionario.com/2015/09/19/leche-riesgos-cual-tomar-cuanto-y-cuando/
21. http://www.oie.int/es/normas/comisiones-especializadas-y-grupos-de-trabajo-y-ad-hoc/grupos-de-trabajo-e-informes/los-grupos-de-trabajo/seguridad-sanitaria-de-los-alimentos-derivados-de-la-produccion-animal/
22. http://www.oie.int/fileadmin/Home/esp/Internationa_Standard_Setting/docs/pdf/Presentation_77SG_Es.pdf
23. file:///C:/Users/ariel%20castillo/Desktop/ESCRITORIO%20DICIEMBRE/SEMESTRE%202018%202/GANADO%20BOVINO%20DE%20CARNE%20Y%20LECHE%20ZOO/mecanismos%20de%20produccion%20de%20la%20leche%20en%20la%20vaca.pdf
24. http://www.concope.gov.ec/Ecuaterritorial/paginas/Apoyo_Agro/Tecnologia_innovacion/Agroindustrial/Quesos/quesos.htm

25. http://www.cdc.gov/foodborneoutbreaks/outbreak_data.htm
26. http://www.quesosartesanales.com.uy/elaboracion.php
27. http://ben.upc.es/documents/eso/aliments/HTML/lacteo-6.html
28. http://www.cecyt15.ipn.mx/polilibros/lacteos/practica_1.htm
29. Para consultas: ccastillovicioso66@gmail.com
30. https://ccastillovicioso66.wixsite.com/misitio
31. https://www.paho.org/hq/index.php?option=com_content&view=article&id=105
63:2015-buenas-practicas-bpa-bpm&Itemid=41294&lang=es

32. https://www.cdc.gov/spanish/especialescdc/lechecruda/index.html

12.   ANEXOS

1. INFORMACIONES IMPORTANTES

La leche de vaca tiene una densidad de 1,032g/cm3, o sea, 1,032 kilogramos por litro de leche). Quiere decir que un kilo de leche es igual a 969 mililitros

El agua tiene una densidad de 1 kg/l, es decir, 1 litro de agua tiene una masa justo de 1 kilogramo

750 botellas de leche o sea 500 litros. Dan un rendimiento de 135-140 libras de queso.

Recomendación: Los análisis microbiológicos de los quesos se realizan normalmente por triplicado y tomando cinco unidades del mismo lote de productos. La temperatura de transporte y conservación de las muestras no superará los 8 °C hasta la fecha de análisis. Cuando los quesos tengan un peso inferior a 1 kilogramo se tomará como muestra la unidad de producto completa o íntegra en su envase original; en el caso de piezas de pesos netos de 1 kg o superiores, se tomarán como muestras analíticas porciones de unos 300 gramos, aproximadamente. Excepcionalmente, cuando no exista una cantidad suficiente de muestra de un mismo lote, se tomará una unidad completa por cada pieza de queso a analizar. Como recomendación general, la porción de muestra que se tome para el análisis deberá ser representativa del conjunto de su respectiva unidad de muestreo.

https://joseluisares.blogspot.com/search/label/quesos

2. Preparación del cuajo artesanal

- Abomaso (Ternero o Cabra joven)
- Limpiar y salar, poner a secar en lugar fresco y limpio.
- Tomar una porción de éste de unas 4*4 pulgadas.
- Se pone en un recipiente y se cubre con agua hervida tibia.
- Se deja 3 horas sumergidas en esta agua.
- Para usarlo para elaborar queso, se añade ¼ de taza a la leche.
- Nota: Esta solución debe usarse en unos 3 días, si se deja al ambiente.

3. Algunas pruebas de campo realizadas a la leche cruda

1. Prueba del alcohol

Se toman en un tubo de ensayo, dos (2) ml de leche e igual cantidad de alcohol etílico al 68, 72 o al 75% según lo establecido en la norma nacional o lo exigido por la empresa. Se procede a mover suave esta mezcla por lo menos por un minuto.

Interpretación: si se forman grumos, o cuajada, indica que existe termoestabilidad, y que es posible que la acidez este por encima de los 22 grados Dormic, cuando lo norma debe ser 16 a 18; siendo de esta forma una leche no acta para ser procesada. El pH, de esta leche con esos grados es posible que este entre los 6,3 a 6,4; cuando lo normal debe ser 6,8.

2. Prueba de la ebullición

Se toman de igual forma dos (2) ml de leche en un tubo de ensayo, y lleva a hervir, si durante esto la leche hace grumos o coágulos, indica que la acidez está por encima de los 22 grados Dormic, y el pH de 5,9

3. Determinación de la densidad de la leche

Se debe utilizar el Lactodensímetro, preferible con termómetro integrado. La densidad del agua es de 1,0 a 20°C; la materia grasa oscila aproximadamente 0.93 y los sólidos no grasos a 1,62 g/ml. Mientras que la de la leche es de 1.027 a 1,033 g/l a 20°C.

La fórmula de la densidad es: D=m/v

Los datos se deben corregir: D=D1+0,0002 (t-0)

Leyenda:
D=densidad de la muestras a 20°C en g/ml
D= densidad encontrada a t°C
t= temperatura de la muestra durante la determinación.
La temperatura a la que se realiza la medición debe estar 20°C +-5°C

Instrumentos:
- Una probeta de 200 ml
- Termómetro lácteo
- Lactodensímetro

Interpretación: La densidad se ve afectada por adicional cualquier liquido o solido a la leche, de manera intencional. Pero hay factores naturales o de manejo durante la cría de los animales que hacen que una leche tenga diferente densidad, al igual que la raza o especie de las mamíferas. Lo correcto es cuando se necesite determinar esta densidad tener a manos el termómetro, probeta rotulada y el lactodensímetro.

4. Determinación del pH de la leche cruda.

Es una forma de determinar la concentración real de iones H y, por tanto, también la de iones OH.

En general, la leche tiene una reacción iónica cercana a la neutralidad. La leche de vaca tiene una reacción débilmente ácida, con un pH comprendido entre 6.6 y 6.8, como consecuencia de la presencia de caseína u de los iones fosfóricos y cítrico, principalmente. El pH no es un valor constante, sino que puede variar en el curso del ciclo de lactación y bajo la influencia de la alimentación.

La diferencia que existe entre el pH y la escala Dornic, utilizada para determinar la acidez de la leche, es que el pH nos indica la acidez real existente en ese momento, en el caso de la leche, sería la cantidad de ácido láctico que se ha producido a partir de la lactosa; mientras que la acidez Dornic es potencial, nos indica la cantidad de ácido láctico que se puede producir a partir de la lactosa. Cuando toda la lactosa se ha transformado en ácido láctico, el pH y la acidez Dornic coinciden.

A través de la determinación del pH, se puede conocer la calidad higiénica sanitaria de una leche, a pH 7.5, la coagulación no se produce a causa de la inactivación de la enzima. El descenso del pH provoca un acortamiento de la duración de la coagulación cuando aplicamos el cuajo.

5. Prueba de Fermentación Láctica

La prueba de fermentación, tiene suma importancia en queserías, nos permite determinar la calidad o tipo de agentes infeccioso esta predominante en la leche, sin necesidad de exámenes microscópicos, revelándonos también el grado de contaminación y poder determinar el tiempo de conservación, desde la ordeña hasta la fábrica, además de informar sobre las condiciones higiénico sanitarias de la misma. Sobre esta práctica se ha de considerar la abundante producción de gases, escasa coagulación, descomposición por pudrición y además alteraciones de la leche.

Equipo y materiales utilizados para esta prueba: Tubo de ensayo
Estufa de incubación.

Para realizar esta prueba, se depositan 30 ml de leche, en un tubo de ensayo previamente esterilizado y se incuba 24 horas a 37 º C.

Interpretación: la leche fresca y sana todavía no ha coagulado transcurridas 12 horas, en cualquier caso, después de 12 horas no debe haberse producido aún una gran separación de suero. La leche de buena calidad, al cabo de 24 horas debe poseer olor y sabor ácidos, y debe coagular mostrando un coágulo homogéneo, blanco y firme. Si el coágulo contiene numerosas burbujas y surcos gaseosos, es señal de presencia de bacterias que descomponen la lactosa con producción de gases (bacterias coliformes, bacterias aerógenes).

Sólo al aparecer coágulos gelatinosos, rectos si burbujas o aberturas, totalmente homogéneas o aporcelanadas, puede considerarse la leche como de excelente calidad.

6. Determinación de almidones

Para realizar esta prueba se utiliza, Agua yodada al 1% o lugol

Procedimiento

Se agita la leche, se hierve 5 minutos en un tubo de ensayo, se deja enfriar y se añaden 4 gotas de yodo al 1%.

Interpretación: Si da coloración amarilla no hay almidón ni dextrinas; si da coloración azul hay presencia de almidón y si da coloración violeta hay presencia de dextrinas.

7. Determinación directa de extracto seco lácteo, según el calculador de Ackermann

Introducción

El extracto seco de la leche es el que verdaderamente orienta sobre el posible rendimiento en queso, junto con el porcentaje de proteínas y materia grasa. Conociendo la densidad a 15°C y la materia grasa, obtenemos el extracto seco, por medio de la tabla de Ackermann.

El extracto seco está constituido por la totalidad de los componentes de la leche, menos gases y agua libre. Sus valores medios oscilan entre 9.8% a 16%, siendo su valor medio de 12.5%. El extracto seco desgrasado oscila entre 8% y 10%. Este aumenta en los calostros.

Material y Equipo

- Calculador de Ackermann

Procedimiento

El calculador consiste en un disco fijo y un disco giratorio de aluminio. Sobre el disco interior y giratorio son indicados los grados del lactodensímetro a 15° C. Sobre el disco exterior grande, en el círculo interior, son indicados los porcentajes de grasa según Gerber. El círculo interior menciona el RESIDUO TOTAL SECO.

Primeramente, se determina con un lactodensímetro la densidad de la leche a 15° C. Se busca el valor obtenido al disco interior girándolo hasta que este valor coincida con el valor del contenido grasoso de la misma leche. La aguja del disco interior indica entonces, directamente el valor del RESIDUO SECO TOTAL de la leche en la escala exterior del disco fijo.

Excepcionalmente, el límite de la escala del RESIDUO SECO puede ser sobrepasado o no alcanzar, cuando se trata de una leche muy rica o muy diluida. En este caso, hay que utilizar la escala auxiliar marcada de flechas que se encuentra fuera del círculo del residuo seco-

Interpretación

La leche procedente e vacas enfermas, da casi siempre valores mínimos. La alimentación también influye en estos resultados, el aguado rebaja El extracto seco. Aguado con soluciones, puede no hacerla variar, si el extracto de la solución es igual al de la leche. El descremado rebaja el extracto seco. Aguado y descremado simultáneos, ambos, rebajan el extracto seco.

8. Para comprobar la fuerza del cuajo, se aplica la siguiente fórmula:

F x T = Constante

F = (40) x (L/P x T)

F = Fuerza del cuajo

T = Tiempo en minutos

L = Volumen de leche

P = Volumen de cuajo empleado

9. Medidas caseras

1 gota	1/20 ml aprox.
1 cucharadita	5 ml
1 cucharada de postre	8 ml
1 cucharada sopera	15 ml
1 vaso de vino	60 ml
1 taza	250 ml

1 gramo	15,43 granos
1 grano	0,065 gramos (60mg)
1 onza líquida	29,57 ml (30)
1 pinta	473,2 ml (500) = 20 onzas líquidas
1 cuarto	946,4 ml (1000) = 40 onzas líquidas
1 galón	3785,6 ml (4000) = 160 onzas líquidas

10. Fórmula para calcular la cantidad de cloro

Cantidad de cloro a utilizar = ppm de cloro X cantidad de agua en litros / concentración del cloro X factor (10,000 o 1,000)

11. Curiosidades de la leche y los quesos

Una granja en la reserva natural de Zasavica, al oeste de Belgrado (Serbia), guarda el secreto de la receta del queso más caro del mundo. Elaborado con leche de burra, el precio de este exclusivo manjar se sitúa en 1,260 euros (1,112 dólares) por kilo.

La escasez de leche de estos animales y la dificultad del proceso de producción del queso hacen que este manjar sea tan exclusivo.

Para elaborar un kilo de queso se necesitan 25 litros de leche, y una burra sólo da unos 20 litros de leche por año, más o menos la misma cantidad que una vaca lechera europea produce cada 24 horas.

https://www.youtube.com/watch?time_continue=36&v=6kryIttRwns

Ktaftkar es el mejor queso del mundo, es azul y se elabora en Noruega. Ktaftkar es su denominación. Un queso elaborado con leche de cabra, "muy picante" y con una textura "crujiente"

El jurado del International Cheese Festival ha designado esta variedad como la mejor del planeta, por delante del Gruyere, del Gorgonzola y de las 3.061 piezas provenientes de 35 países, que se habían presentado al concurso. Es un queso elaborado con leche de cabra, "muy picante" y con una textura "crujiente". Gunnar Waagen, artífice de Kraftkar, ha conseguido colocar a Noruega en el firmamento de los quesos.

Los quesos franceses y británicos han venido copando durante los últimos años los puestos de honor a escala mundial. Noruega pasa a formar parte ahora de ese privilegiado grupo de quesos sublimes.

http://elportaldelchacinado.com/ktaftkar-mejor-queso-del-mundo-2016/

12. La conservación del queso

Evita el crecimiento de bacterias patógenas, manteniéndose en buen estado, conservando su sabor agradable, su color y su aroma. Se debe tener pendiente que el queso jamás debe congelarse, la temperatura ideal es 5 a 7 °C
Aumenta el tiempo de vida del queso en los centros y lugares de venta.

Transporte

El transporte del queso debe realizarse en vehículos con caja refrigerante, en hieleras o contenedores adecuados (Cajas de plástico cerradas) y/o en vehículos cerrados, pero siempre procurando mantener la temperatura de refrigeración de alrededor de 5 a 7 °C, durante todo su traslado.

Venta de queso

Al mejorar las condiciones higiénicas de elaboración y al agregar el empaquetado y etiquetado del producto, las oportunidades de venta crecen, incrementando la demanda del producto por su calidad, identificada por su MARCA o nombre comercial (ETIQUETA).

13. Equipos y utensilios utilizados en la elaboración de quesos y yogures

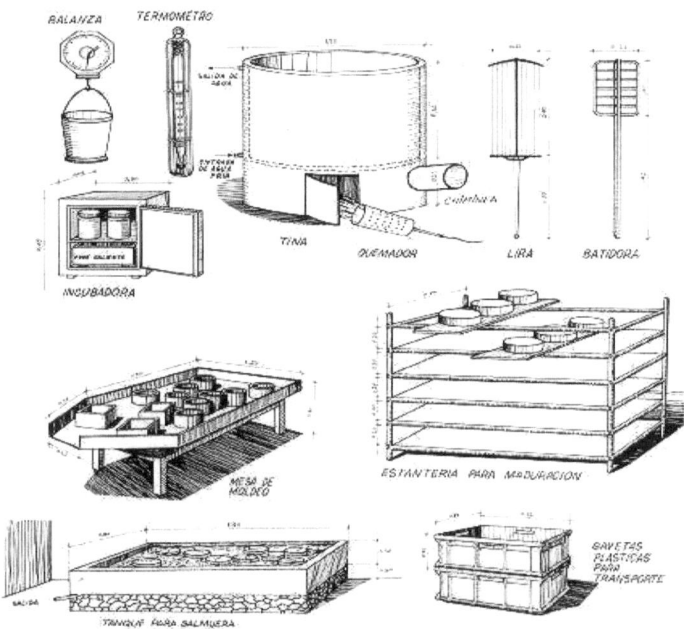

Instrumentos

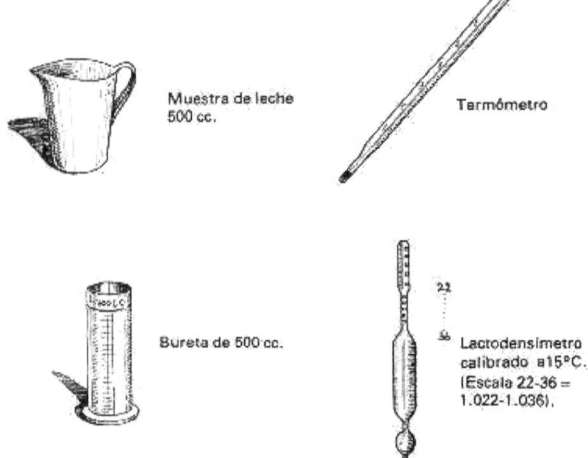

Muestra de leche 500 cc.

Termómetro

Bureta de 500 cc.

Lactodensímetro calibrado a 15°C.
(Escala 22-36 = 1.022-1.036).

Fuentes: google.com. 2010

www.ingramcontent.com/pod-product-compliance
Lightning Source LLC
Chambersburg PA
CBHW041100180526
45172CB00001B/44